LE

GUIDE DES CAMPAGNES

DIVISÉ EN TROIS PARTIES.

PREMIÈRE PARTIE.

USAGES RURAUX ET URBAINS

DE L'ARRONDISSEMENT DE SEGRÉ.

—

DEUXIÈME PARTIE.

LOIS DIVERSES.

—

TROISIÈME PARTIE.

NOTES ÉLÉMENTAIRES SUR L'AGRICULTURE.

PRIX : 75 CENT.

SEGRÉ

IMPRIMERIE—LIBRAIRIE DE VALENTIN GERARD

—

1874

LE

GUIDE DES CAMPAGNES

DIVISÉ EN TROIS PARTIES.

PREMIÈRE PARTIE.

USAGES RURAUX ET URBAINS

DE L'ARRONDISSEMENT DE SEGRÉ.

DEUXIÈME PARTIE.

LOIS DIVERSES.

TROISIÈME PARTIE.

NOTES ÉLÉMENTAIRES SUR L'AGRICULTURE.

SEGRÉ

IMPRIMERIE-LIBRAIRIE DE VALENTIN GERARD

1874

PREMIÈRE PARTIE.

USAGES RURAUX

ET URBAINS

DE L'ARRONDISSEMENT DE SEGRÉ.

AVANT-PROPOS.

Le Code local des Usages ruraux et urbains de l'arrondissement de Segré, qui fait l'objet de cette publication, est une révision de l'ancien Recueil des Usages ruraux publié en 1851, et dont les dispositions n'étaient plus au courant des nouvelles mœurs agricoles amenées par le perfectionnement de la culture.

Comment la nécessité de cette révision s'est fait sentir, et comment il a été procédé à la rédaction du nouveau Code, les documents suivants l'exposent clairement.

CIRCULAIRE

ADRESSÉE PAR M. LE SOUS-PRÉFET DE SEGRÉ AUX PRÉSIDENTS DES COMICES AGRICOLES, AUX MEMBRES DE LA CHAMBRE D'AGRICULTURE, A TOUS LES MAIRES ET A UN GRAND NOMBRE DE NOTABLES DE L'ARRONDISSEMENT.

Segré, le mercredi 12 juin 1872.

Monsieur,

Le Recueil des Usages ruraux en vigueur dans l'arrondissement de Segré a longtemps joui d'une autorité que lui assuraient la scrupuleuse exactitude et le sage discernement de ses dispositions. Mais les usages ne sont pas immuables. Cette loi vivante se modifie en même temps que se transforment les conditions qu'elle est appelée à régler. Aussi un grand nombre de personnes compétentes ont-elles signalé des lacunes à combler et des corrections à faire dans le Code local de Segré, pour le mettre au courant des progrès de l'agriculture et des nouvelles mœurs rurales.

Cette révision sera l'ouvrage des Comices agricoles de l'arrondissement et de la Chambre consultative d'agriculture, qui pourront appeler à leur aide l'expérience des hommes pratiques et les lumières des notabilités du pays.

Dans l'intérêt du bon ordre et de la marche rapide de ce travail, il paraît utile de demander à la Chambre consultative d'agriculture de proposer un projet de réforme, qui serait soumis aux observations et aux amendements des Comices agricoles pour être ensuite révisé et présenté à l'acceptation d'une Assemblée générale instituée à cet effet.

Je vous prie donc, Monsieur, pour fournir une base aux travaux de la Chambre d'agriculture, de vouloir bien m'adresser votre avis sur les corrections ou additions qui vous semblent nécessaires dans le Recueil des Usages ruraux. C'est avec le concours de tous que doivent être reconnues et inscrites les règles qui sauvegardent les droits de tous. Je vous convie donc à faire appel aux avis et aux connaissances pratiques de tous ceux qui vous entourent.

Vous ne perdrez pas de vue qu'il ne s'agit pas de faire une loi, mais de constater la loi existante résultant de l'usage.

Le Sous-Préfet, Président de la Chambre consultative d'agriculture,

HENRY St-RENÉ TAILLANDIER.

DÉLIBERATION

DE L'ASSEMBLÉE GÉNÉRALE CHARGÉE, SELON LE VŒU DE LA CHAMBRE CONSULTATIVE D'AGRICULTURE, D'ARRÊTER LE TEXTE DU NOUVEAU RECUEIL DES USAGES LOCAUX.

L'an mil huit cent soixante-treize, le vingt-cinq septembre,

L'assemblée générale chargée d'arrêter le nouveau texte des Usages ruraux et urbains applicables à l'arrondissement de Segré, s'est réunie à la Sous-Préfecture, sur la convocation de M. le Sous-Préfet de Segré.

Sont présents :

MM. Saint-René Taillandier, sous-préfet ; Faligan, procureur de la République ; Planchenault, président du Comice agricole du Lion-d'Angers ; Lefaucheux-Lacadorais, président du Comice et juge de paix du canton de Candé ; Charles Bernard, président du Comice de Pouancé ; le vicomte de Rougé, président du Comice de Châteauneuf ; de la Perraudière, re-

présentant le président du Comice de Segré; Louis, maire de Segré; Bordillon, membre de la Chambre d'agriculture; Bourbon, membre de la Chambre d'agriculture et maire de Champigné; Auguste Bernard, membre de la Chambre d'agriculture; Émile Rousseau, membre de la Chambre d'agriculture; Caternault, juge de paix de Segré; Hubert-Commin, juge de paix de Châteauneuf; Surville, juge de paix du Lion-d'Angers; Elain-Lacroix, juge de paix de Pouancé; Huttemin, président de la Chambre des notaires; Chatelais, président de la Chambre des experts; le baron Clovis de Candé et M. Gaullier, délégués du Comice de Candé; Achille Joubert et Brault, délégués du Comice de Châteauneuf; Lemanceau et Esnault, délégués du Comice de Pouancé; Lemanceau, délégué du Comice de Segré; Chopin et François de Ville-David, délégués du Comice du Lion-d'Angers.

MM. Aubry, président du tribunal, François des Aillers et Homberg se sont excusés par lettres.

Il est procédé à la formation du bureau. M. Planchenault, président de chambre honoraire à la Cour d'appel d'Angers, président du Comice agricole du Lion-d'Angers, est nommé président; M. Charles Bernard, président du Comice agricole de Pouancé, est nommé vice-président; M. Émile Rousseau, membre de la Chambre d'agriculture, est nommé secrétaire.

M. le Sous-Préfet prend la parole et expose la marche suivie pour l'élaboration du projet, qui n'a plus à subir que sa dernière épreuve.

« Après avoir fait appel aux lumières de tous » les notables de l'arrondissement, grands pro» priétaires, fermiers, officiers ministériels, j'ai » soumis, dit-il, à la Chambre consultative » d'agriculture, les modifications proposées de » toutes parts à l'ancien texte des Usages ruraux.

» La Chambre d'agriculture, dans sa séance » du 15 juillet 1872, confia à un de ses mem» bres, M. Lefaucheux-Lacadorais, le soin de » rédiger un projet qu'elle se réservait de dis» cuter dans une session suivante. Le projet sa» vamment élaboré de M. Lefaucheux-Lacadorais » devint celui de toute la Chambre d'agriculture » dans sa session du 12 septembre 1872. Ce » projet fut imprimé et communiqué à tous les » Comices agricoles de l'arrondissement, afin » qu'ils pussent produire leurs observations. En » même temps les notaires et les experts étaient » mis à même de faire valoir leur opinion. » Chaque Comice ayant demandé des modifica» tions de détail au texte proposé, il devint né» cessaire de provoquer une entente entre leurs » représentants.

» Les présidents des cinq Comices agricoles » réunis à la Sous-Préfecture, après avoir dis» cuté l'œuvre particulière de chaque Comice, » arrêtèrent un projet uniforme. C'est celui qui » est soumis aujourd'hui à l'approbation de » l'Assemblée générale réunie d'après le vœu de » la Chambre consultative d'agriculture, et des » différentes épreuves par lesquelles il a passé

» sont de sérieuses garanties de sa valeur. »

M. le Sous-Préfet termine en invitant l'assemblée à ne pas sortir du cadre que la loi assigne aux usages ruraux. « Il s'agit uniquement, » dit-il, de compléter la loi en constatant l'existence des usages locaux auxquels elle renvoie. »

M. Planchenault, président, prend ensuite la parole, et après avoir remercié l'assemblée du vote par lequel elle l'a appelé à diriger ses délibérations, définit savamment l'étendue de l'autorité laissée à l'usage.

« Nous sommes chargés, dit-il, non de faire » un code rural en dehors du droit commun, » mais de faire un règlement des usages ruraux » de notre arrondissement. Les jurisconsultes » anciens dont les grands et savants travaux ont » produit l'unité de notre législation, ont défini » les usages : des manières de faire usitées dans » les relations des intérêts civils et qui ont » tourné en habitude.

» Les usages ont précédé les coutumes qui les » ont constatés. Le Code civil a résumé les coutumes pour les fondre dans un seul code, et » cependant ses auteurs ont compris qu'il fallait » encore réserver certains usages qui tiennent » aux variétés de certains intérêts localisés. Il » ne faut pas croire qu'il s'agisse de le remplacer par d'autres codes. Il faut laisser au législateur le soin de fondre ceux-ci dans l'ensemble du droit civil. Nous ne devons pas » nous flatter de l'espoir que la constatation des

» *usages mette fin à toutes les contestations.*
» *MM. les juges de paix ne doivent pas perdre*
» *de vue que leur mission est de concilier les*
» *idées de justice et d'équité et que, dans les re-*
» *lations des intérêts qui se débattent devant eux,*
» *il y aura toujours de l'imprévu tenant à la*
» *variété des faits abandonnés à leur sagacité.* »

M. Lefaucheux-Lacadorais, rapporteur, demande que le nouveau recueil porte le nom de Code local des Usages ruraux et urbains de l'arrondissement de Segré. Cette motion est acceptée.

M. le rapporteur donne ensuite lecture des différents articles du nouveau projet de Code local. Après une discussion consciencieuse et approfondie, l'Assemblée générale donne son approbation au texte des usages, ainsi qu'il est consigné par le secrétaire, M. Émile Rousseau.

PRÉFACE DE LA PREMIÈRE ÉDITION.

Depuis longtemps les juges de paix, notaires, avoués, experts et autres, obligés de recourir aux usages ruraux, sentaient le besoin d'un recueil de ces usages pour l'arrondissement de Segré.

Les usages anciens, transmis par la seule tradition, n'avaient pu arriver jusqu'à nos jours sans subir ces nombreuses altérations que le temps apporte nécessairement avec lui.

D'un autre côté, l'agriculture, dans son essor, avait dû renverser toutes les entraves qui la gênaient et changer aussi ou modifier divers usages.

Ces altérations et modifications, en s'introduisant dans l'arrondissement, selon les progrès plus ou moins avancés de l'agriculture, avaient détruit l'unité si désirable dans un pays où le mode de culture est généralement le même, et avaient souvent jeté dans l'indécision les magistrats et experts chargés de faire l'application de ces usages.

Cet état de choses était fâcheux ; il fallait le faire cesser.

Pour cela il était nécessaire de rechercher et recueillir avec soin, tant les anciens usages des cinq cantons de l'arrondissement, que ceux surgis plus récemment des progrès de l'agriculture ; il fallait les coordonner tous et en faire ainsi un code d'usages de l'arrondissement, aussi exact et aussi complet que possible.

Déjà les Comices agricoles de Château-Gontier, Craon, Cossé-le-Vivien et Saint-Aignan avaient fait un travail semblable, et ce travail devait rendre plus facile celui de l'arrondissement de Segré, car dans ces cantons, dont plusieurs sont limitrophes des nôtres, la parité du sol et du mode d'agriculture avaient dû amener, à peu de chose près, les mêmes usages, ou si l'on veut les mêmes règles.

Messieurs les juges de paix de l'arrondissement de Segré prirent l'initiative de ce travail, sous la direction de M. le président du Tribunal.

Tous les Comices agricoles de l'arrondissement furent réunis en assemblée générale, à laquelle furent aussi appelés les notaires, avoués et experts. Là, il fut nommé une commission (1) qui, à l'aide de sous commissions établies dans chaque canton (2), arrêta, après un mûr examen, la rédaction des différents articles de ce recueil.

Dans une seconde et dernière réunion générale, les Comices agricoles, après avoir pris connaissance du travail de leur commission, l'adoptèrent tel qu'il se trouve ci-après inséré.

Le but avait été de faire un travail utile, aussi, mettant de côté tout amour-propre d'auteur, la commission se plaît à reconnaître qu'elle a complètement adopté l'ordre et la division du recueil des cantons de Craon, Cossé-le-Vivien et Saint-Aignan, parce que cet ordre et cette division lui ont paru excellents ; qu'elle a presque partout admis la rédaction de ce même recueil, chaque fois qu'il s'agissait d'usages et de dispositions analogues. Enfin elle doit encore faire cet aveu, qu'elle a puisé largement les éléments de son travail dans les deux recueils de Château-Gontier et de Craon, persuadée que pour une pareille œuvre, l'on doit prendre ce qui est bon partout où l'on a le bonheur de le rencontrer.

(1) Membres de la commission : MM. Le Tourneurs de la Borde, président du tribunal civil, président ; Dupont, juge de paix ; Leclerc, notaire ; Aubert Jean-Baptiste, notaire honoraire ; Bernard Charles ; Dupré, juge de paix ; Leclerc, notaire honoraire ; Boncé, juge de paix ; Saget, expert ; Parage de la Martinais ; Desnoes, juge de paix, Lemotheux, ancien juge de paix ; Jubin Théodore ; Richou-Laroche ; Poulain de la Forestrie Frédéric ; Bellouis, juge de paix, secrétaire.

(2) Membres des sous-commissions :

A Châteauneuf : MM. Moreau, président ; Bellanger ; Jubin Théodore ; Bourbon Louis ; Faribault ; Panetier ; Benoist Charles ; Lemotheux, secrétaire.

A Pouancé : MM. Jallot-Hardoin, président ; Toudouze ; Bernard Auguste ; Dupré, juge de paix ; Bernard Charles, Vital Poché ; Belsœur, expert ; Tirouflet ; Letort-Vildé, notaire honoraire ; Allard, greffier de la justice de paix ; Leclerc, notaire honoraire, secrétaire.

Au Lion-d'Angers : MM. Richou-Laroche, président ; Audiot Pierre ; Bucher de Chauvigné ; Bourbon, du Plessis-Macé ; Fourny, expert ; Mellet ; Roussier, notaire ; Poulain de la Forestrie Frédéric ; Lemesle ; Bellouis, juge de paix, secrétaire.

A Segré : MM. Dupont, juge de paix, président ; Aubert Jean-Baptiste, notaire honoraire ; Chollet père ; Quris Prosper ; Bourbon, de la Ferrière ; Leclerc, notaire.

A Candé : MM. Jallot, maire de Candé ; Sauvaget, artiste-vétérinaire ; Bernard, propriétaire ; Manceau Claude et Lemesle, fermiers à Loiré ; Conrairie, maire de Chazé-sur-Argos ; Parage de la Martinais ; Saget, expert.

DIVISION DE CE TRAVAIL.

Il comprend deux parties. La première partie, qui traite des usages ruraux, est divisée en onze chapitres :

Chapitre Ier. Usages applicables aux deux modes d'exploitation.................. page 16

Chapitre II. Usages applicables aux baux à prix d'argent........................... 39

Chapitre III. Usages applicables aux baux à moitié fruits.......................... 40

Chapitre IV. Usages applicables aux terres volantes............................ 43

Chapitre V. Bois-taillis 44

Chapitre VI. Vignes.................. 45

Chapitre VII. Usages applicables aux passages.............................. 46

Chapitre VIII. Usages applicables aux moulins 46

Chapitre IX. Usages applicables aux ventes de bois à brûler 47

Chapitre X. Usages applicables aux ventes de céréales, foins et pailles.................. 47

Chapitre XI. Du louage des domestiques des deux sexes employés dans les fermes....... 48

La deuxième partie, traitant des usages urbains, est divisée en quatre chapitres :

Chapitre Ier. Maisons, jardins, chantiers .. 51

Chapitre II. Jardins seuls, chantiers...... 52

Chapitre III. Ouvriers, domestiques attachés à la personne............................ 53

Chapitre IV. Constructions diverses 54

NOTIONS PRÉLIMINAIRES.

Il existe dans l'arrondissement de Segré deux modes d'exploitation.

L'un à prix d'argent, l'autre à moitié fruits, ou colonage partiaire.

On nomme généralement ferme, une propriété exploitée moyennant un prix convenu en argent ;

Fermier celui qui exploite une ferme ;

Métairie, une propriété exploitée à moitié fruits, ou colonage partiaire ;

Métayer, ou colon partiaire, celui qui exploite une métairie.

On nomme closerie ou borderie, une propriété de peu d'étendue, exploitée à prix d'argent, ou à moitié fruits ;

Terres volantes, les terres affermées sans bâtiments d'habitation.

Une propriété est réputée corps de ferme, lorsqu'elle joint à une habitation rurale, l'exploitation continue d'un hectare et demi au moins de terres labourables, non compris les prairies et la portion de jardin nécessaire aux besoins du ménage.

PREMIÈRE PARTIE.

USAGES RURAUX

CHAPITRE Ier.

Usages applicables indifféremment aux deux modes d'exploitation.

SECTION Ire.

Étendue du bail. — Entretien de la chose louée.

1er novembre. ART. 1er. — Le bail commence et finit le premier novembre, jour de Toussaint. Le déménagement et l'emménagement ne s'opèrent que le deux novembre, ou le trois, si le deux est un dimanche.

Le fermier sortant doit tenir les lieux vides et les réparations faites, le deux ou le trois, à midi.

Durée du bail. ART. 2. — La durée du bail est de trois ans. Il suffit aux parties de se prévenir dix mois avant son expiration, c'est-à-dire avant le premier janvier de la dernière année, lorsqu'elles veulent empêcher un nouveau bail de s'opérer (1).

(1) Le mode légal de prévenir, le seul certain, parce qu'il évite tout litige, est de faire donner, par huissier, une signification que l'on nomme congé.

Dans le cas des articles 1774 et 1775 du Code civil, il n'en est pas moins d'usage, pour les parties, de se prévenir dans le délai de dix

Art. 3. — Les droits de chasse et de pêche, même la pêche aux écrevisses, avec quelque instrument et de quelque manière que ce soit, appartiennent au propriétaire et sont toujours censés avoir été réservés par lui, à moins de conventions contraires. Chasse, pêche.

Art. 4. — Le fermier doit employer sur la ferme, pendant toute l'année, un nombre d'hommes suffisant pour une bonne exploitation, ou au moins, outre lui, un homme valide par dix hectares de toutes terres, prairies comprises, et de plus, un métivier, également valide, par vingt hectares, depuis le 24 juin jusqu'au 15 novembre. Nombre d'hommes.

Un homme est réputé valide, en agriculture, de 15 ans accomplis à 65 ans.

Les dimanches et jours de fêtes conservées, le fermier ne peut exiger des hommes à son service que les travaux nécessaires aux soins du ménage, des bestiaux et la garde de la maison ; sauf le cas de force majeure ou de dommages pour les récoltes. Dimanches fêtes.

Art. 5. — Le fermier doit entretenir le lieu en bon état de réparations locatives. Ces réparations comprennent, outre celles mentionnées en l'article 1754 du Code civil : (1) Réparations.

mois qui vient d'être déterminé. Cette mesure très-utile est, d'ailleurs, dans l'intérêt de toutes les parties, qui seraient toujours exposées à une tacite reconduction en cas d'omission du congé, si l'on prouvait quelques faits ou actes de jouissance sur une nouvelle année.

(1) Art. 1754 du Code civil : Les réparations locatives ou de menu entretien dont le locataire est tenu, s'il n'y a clause contraire, sont celles désignées comme telles par l'usage des lieux, et entre autres, les réparations à faire aux âtres, contre-cœurs, chambranles et ta-

Aire. L'entretien de l'aire des maisons et greniers, carrelés ou en terre ; — l'entretien du carrelage des fours ; — du sol des écuries, étables, rues et issues ; — de l'aire à battre ; — des enduits à l'intérieur, endommagés par la faute du fermier, à quelque hauteur que ce soit.

Blancs. Il doit aussi les blancs des bâtiments, s'il en a été mis à son entrée ; — fait donner deux couches seulement.

Couvertures. Il doit le menu entretien des couvertures en ardoises et en paille. — Pour les premières, le fermier est tenu de fournir l'ardoise et le clou ; pour les secondes, il emploie la paille du lieu.

Four. L'entretien de la voûte du four est au compte du propriétaire, sauf les dégradations causées par la faute du locataire.

Fossés. Le fermier est chargé d'entretenir encore : les haies, fossés et rigoles ; ainsi que les échelles, échaliers, râteliers, mangeoires, crèches, auges et barrières.

Pressoir. L'instrument à broyer les pommes et le pressoir, qui doit être nettoyé et démonté chaque année. — La maie est disjointe et mise en état de prendre l'air et sécher dans toutes ses parties.

Cours. Les cours et chemins d'exploitation fermés,

blettes des cheminées : — au rérépiment du bas des murailles des appartements et autres lieux d'habitation, à la hauteur d'un mètre ; — aux pavés et carreaux des chambres, lorsqu'il y en a seulement quelques-uns de cassés ; — aux vitres, à moins qu'elles ne soient cassées par la grêle, ou autres accidents extraordinaires et de force majeure, dont le locataire ne peut être tenu ; — aux portes, croisées, planches de croisées, planches de cloisons ou de fermetures de boutique, gonds, targettes et serrures.

préalablement encaissés ou macadamisés par le propriétaire.

Celui-ci fournit le bois nécessaire pour ces réparations, debout et sur le lieu. Il fournit également la pierre, qu'il fait briser et placer convenablement ; le fermier la transporte.

Perches.

Les perches et garnitures de greniers à foin, les pieux, échelles, râteliers, mangeoires, crèches, auges, entre-deux et autres garnitures d'étable, sont réputés appartenir au propriétaire.

Les rondes, naches, cordes, colliers et autres attaches appartiennent au fermier.

Nouvelles haies.

Art. 6. — Le fermier doit également l'entretien des nouvelles haies que le propriétaire fait faire à son gré, et ne peut empêcher la destruction des clôtures qu'il plaît à celui-ci de supprimer ou modifier à ses frais, dans un but d'amélioration.

Fossés.

Art. 7. — Il existe deux dimensions pour les fossés. Ceux des terres arables, vignes et bois ont un mètre trente-trois centimètres d'ouverture, ceux des prés et des jardins n'ont qu'une ouverture d'un mètre. Dans l'un et l'autre cas il existe, ou est censé exister, en outre, une bande de terre, ou pas de bœuf, de 16 à 17 centimètres de largeur, destinée à soutenir les terres de l'héritage voisin.

Pas de bœuf.

L'usage en permet le parcours et le pâturage au propriétaire limitrophe tant que la clôture existe. Mais du moment que la clôture vient à disparaître, ce pas de bœuf retourne de droit au propriétaire du fossé.

Largeur. La largeur au fond et la profondeur des fossés sont généralement subordonnés au bon écoulement des eaux amenées dans ces fossés par les fossés des fonds supérieurs, pourvu qu'ils soient conformes à la pente naturelle du terrain.

Haies, fossés. La réparation des haies et fossés est faite aux époques fixées pour la coupe des bois, ci-après, art. 32.

Réparations. Le défaut d'entretien des fossés dans les conditions ci-dessus déterminées rend le fermier responsable de tous dommages-intérêts, soit envers les propriétaires, soit envers les tiers.

Les fossés dits Boires, séparant les prairies qui bordent les rivières, dans le canton de Châteauneuf, sont présumés mutuels et ont deux mètres de largeur.

Transport de matériaux. Art. 8. — Le fermier fait au cours de son bail, sauf les trois dernières années, sans salaire et avec les harnais du lieu, l'approche à pied d'œuvre de tous les matériaux nécessaires aux réparations et réfections (1) de bâtiments dépendant de la ferme.

Il va chercher la chaux, la brique et l'ardoise aux fourneaux, ports et carrières les plus rapprochés, au choix du propriétaire, toutefois dans un rayon qui ne peut excéder dix kilomètres.

Il n'est pas tenu d'aller chercher la pierre et

(1) On entend par réfection la reconstruction d'un bâtiment déjà existant et dont on ne change pas la dimension.

le sable au-delà de quatre kilomètres, le bois au-delà de dix kilomètres.

Les trois dernières années, le fermier ne doit transporter que les matériaux absolument nécessaires aux réparations urgentes.

Il peut se refuser à exécuter les charrois pour la réfection seulement, en donnant congé de sa ferme pour l'époque de Toussaint qui suit le mois de janvier le plus prochain.

Déchets.

Tous les déchets de bois employés aux réparations et réfections, y compris les copeaux et bois de chauffage provenant d'arbres abattus sur le lieu, sont réservés par le propriétaire et charroyés par le fermier à l'endroit qui lui est désigné, mais dans un rayon de dix kilomètres seulement, et pourvu que ces charrois n'excèdent pas trois par année.

Le fermier qui n'a pas d'attelage n'est tenu à aucun charroi.

Impôts.

Art. 9. — Les impôts fonciers ordinaires et extraordinaires sont toujours présumés avoir été mis en entier à la charge du fermier ou du colon partiaire (1) ; à moins qu'il ne s'agisse de terres volantes, soit prés, bois-taillis ou autres.

Ils se comptent par annuité, de janvier à janvier, comme l'année financière.

Foins, pailles, sons.

Art. 10. — Le fermier emploie à la nourriture

(1) Voir l'article 147 de la loi du 3 frimaire an VII, en opposition à notre usage. Cet article et quelques autres que nous avons eu soin de noter, pouvant être sujets à quelques contestations, pour les éviter, nous engageons les personnes qui donnent des baux, à bien établir leurs droits et leurs intentions au sujet des articles ainsi annotés.

du bétail et à l'amélioration du lieu, sans pouvoir en vendre ni enlever même à sa sortie, tous les foins, sons, pailles, chaumes, fourrages et racines fourragères, telles que navets, carottes, betteraves, pommes de terre, etc. ; ainsi que les genêts, ajoncs, litières, cendres et charrées, sauf, en ce qui concerne les racines fourragères, les exceptions spécifiées ci-après aux articles 63, 64 et 87.

SECTION II.

Des Labours.

ART. 11. — Les labours ont lieu avant le 30 avril, pour les vieilles pâtures ;

Avant le 31 mai, pour les chaumes de l'année précédente ;

Avant le 15 juillet, pour les trèfles de plus d'une année ;

Avant le 15 octobre pour les trèfles d'un an.

SECTION III.

Jardins, Closeaux.

Légumes.

ART. 12. — Les jardins sont consacrés pour la plus grande partie aux légumes, et pour le surplus à d'autres plantes utiles aux besoins de la ferme.

Dix ares.

Ils ont une contenance de dix ares pour une ferme de quinze hectares et au-dessous, de quinze ares pour les fermes plus étendues.

L'excédant est considéré comme terre labourable.

Défense de changer.

Le fermier ne peut changer leur destination, ni en enlever la terre sans le consentement du propriétaire.

ART. 13. — Les closeaux sont assimilés aux autres champs de la ferme, et soumis aux mêmes cultures.

SECTION IV.

Ensemencements et Récoltes.

Tiers.

ART. 14. — Le tiers des terres arables est ensemencé en céréales d'hiver, froment ou seigle, du 15 octobre au 15 novembre.

Orge.

On ensemence en orge ou avoine de printemps le douzième au moins, le sixième au plus des terres labourables.

Trèfle, minette, ray-grass.

On répand sur ces dernières semailles 15 à 20 kilogrammes de trèfle ordinaire ou minette, ou 30 à 40 kilogrammes de ray-grass par hectare, pour faire des prairies artificielles, s'il n'en existe pas déjà un sixième des terres arables, et ce en plein rapport.

On ne peut semer de froment sur chaume d'orge ou avoine de printemps, même lorsque le trèfle ou le ray-grass vient à manquer complètement.

Oléagineuses.

ART. 15. — Il est permis de cultiver les plantes oléagineuses, mais à condition de les fumer tout autant que les céréales, comme il est dit à l'article 21 ci-après, et sans pouvoir dépasser le cinquième des blés d'automne.

Plantes coupages.

ART. 16. — Le dixième au moins des terres

labourables est consacré aux plantes fourragères d'automne et de printemps appelées coupages.

Choux. navets. Un autre dixième au moins est consacré aux racines fourragères, telles que choux, navets, pommes de terre, betteraves et autres.

Blé noir. ART. 17. — On peut, dans les communes où c'est l'usage, employer aux semailles de sarrasin du sixième au tiers de la sole destinée aux blés d'hiver.

Semences. Quantité. ART. 18. — La quantité de semences à mettre par hectare est de deux hectolitres à deux hectolitres et demi pour le froment, le seigle, l'orge et l'avoine; de un demi-hectolitre pour le sarrasin.

ART. 19. — La mesure des champs comprend les haies et fossés qui en dépendent.

Assolement. Peut être modifié. ART. 20. — L'assolement triennal est encore l'assolement qui domine dans l'arrondissement de Segré. Cependant il n'est pas rigoureusement défendu de le modifier en tout ou partie.

On peut s'en écarter surtout dans les terres de bonne qualité, et se rapprocher autant que possible de la culture alterne (1).

Engrais. ART. 21. — L'engrais nécessaire pour fumer convenablement un hectare de terre en céréales d'hiver ou de printemps et de colza, est de trente hectolitres de grosse chaux avec seize à dix-huit mètres cubes de fumier de ferme.

(1) Cette culture consiste, ainsi que l'indique son nom, dans l'alternat des récoltes. Elle exige, pour être profitable, des soins, de l'intelligence, de profonds labours et de larges fumures.

On peut remplacer avantageusement la chaux par les engrais du commerce, tels que noir, poudrette, charrée, guano, phospho-guano, etc. (1) ; de manière que la valeur totale de l'engrais mis par hectare, soit toujours de cent à cent vingt francs, y compris les fumiers et terreaux de la ferme, représentant la moitié de cette somme environ.

Dernière année.

ART. 22. — La dernière année, les deux fermiers s'entendent pour l'achat des engrais étrangers nécessaires. Le choix appartient au fermier sortant, qui doit mieux connaître les terres et l'engrais convenable.

Sarclage.

ART. 23. — Toutes les récoltes sont sarclées convenablement.

Les froments du 15 mars au 30 mai ;

Les seigles du 15 mars au 15 mai ;

Les grains de printemps avant le 20 juin.

Les patiences (parelles), chiendents (2), chardons (3), et autres plantes à graines ailées, doivent être soigneusement détruites sur toute la propriété, avant la maturité de leurs graines.

Si les récoltes n'étaient pas sarclées aux épo-

(1) La prudence même conseille d'agir ainsi de temps à autre, la chaux étant, non point un engrais, mais un amendement très-actif, dont il ne faut jamais abuser.

(2) On désigne principalement sous ce nom deux plantes fort différentes : Le *froment rampant* ou vrai chiendent des boutiques, et l'*arrhénopthère* ou avoine à chapelets.

(3) Cette dénomination comprend, outre les chardons proprement dits, les *cirses* et autres genres voisins.

ques ci-dessus fixées, le propriétaire ou le fermier entrant aurait le droit de les faire sarcler aux frais du sortant, après un avertissement préalable devant le juge de paix.

Hersage. Il est de bonne agriculture de donner un hersage aux grains d'hiver dans le cours de mars ou avril.

Rotation. ART. 24. — Toutes les terres bonnes ou mauvaises d'un même lieu doivent être labourées en temps utiles (art. 11), fumées convenablement (art. 21), et ensemencées à tour de rôle, suivant l'ordre de culture établi.

Elles ne doivent jamais recevoir deux fois de suite un même grain ni une même plante.

Ecot de colza, avoine, etc. Il est défendu de laisser reposer aucune terre sur écot de colza, avoine, lin ou chanvre.

SECTION V.

Prairies.

Clôture. ART. 25. — Les prés artificiels sont clos le 1er janvier et les prés naturels le 1er février.

Coupe des foins. ART. 26. — La coupe des prairies artificielles se fait du 1er au 24 juin. Celle des prairies naturelles à partir du 15 juin, sans interruption. Elle se fait le plus ras possible, sous peine de dommages-intérêts.

Les foins doivent être enlevés dans les huit jours qui suivent la fenaison.

Fumures. ART. 27. — Les prés sont fumés par tiers chaque année, à raison d'une valeur de 60 francs de fumier ou engrais étrangers par hectare (1).

Une irrigation bien faite peut, en certains cas, tenir lieu de fumure. Irrigation.

L'année qui précède la sortie, l'entrant et le sortant fument les prés dans la proportion de leur droit à la récolte des foins.

Les nulles et broussailles des prairies doivent être arrachées au moins tous les ans jusqu'à cinquante centimètres du plant d'épines des haies de pied, et jusqu'à un mètre cinquante centimètres du plant d'épines, lorsqu'il y a fossé avec talus. Nulles.

Art. 28. — Les rigoles d'égouttement et celles d'irrigation doivent être réparées du 15 décembre au 1er février. Rigoles.

Le propriétaire a le droit de faire exécuter à ses frais tous les travaux d'art qui lui paraissent utiles pour l'égouttement et l'irrigation des prairies. L'entretien de ces travaux, ainsi que celui des rigoles, est à la charge du fermier. Travaux d'art.

La terre provenant de ces rigoles, et celle des fossés, enlevée de manière à ne pas nuire à la pousse des épines, sont réunies et travaillées convenablement. — On y joint les déchets du battage appelés *chasses*, *balles* ou *pous*, après qu'ils ont séjourné comme litière dans les étables. — Ces mélanges, travaillés avec soin, sont répandus après la faulx sur les prairies. Les fientes des animaux y sont également répandues une fois par année. Terre des rigoles. Chasses, balles, pous.

(1) **Engrais** recommandés pour les prairies et préférables même **à la chaux** : le purin, jus des étables, le fumier, les boues des rues **et issues**, la charrée, le guano, le phospho-guano, la suie, le phosphate fossile.

Ornières. Les ornières creusées par le passage des attelages et charrettes sont, avant le 1er janvier, soigneusement remplies et ensemencées.

Taupes. Art. 29. — Les taupes sont détruites le plus possible ; les taupinières et fourmilières étendues deux fois par an, et les prés entretenus dans un état d'aplanissement convenable.

Terres, prés. Art. 30. — Une fois converties en prairies naturelles, les terres de labour sont assimilées aux anciens prés, et ne peuvent plus être remises en culture qu'avec l'agrément du propriétaire.

SECTION VI.

Plantations.

Pépinière. Art. 31. — Il doit être entretenu une pépinière de quatre pommiers, poiriers ou autres arbres à fruits par hectare de terre labourable. — Les sujets sont élevés ou fournis par le fermier ou colon partiaire.

Le terrain de la pépinière doit être défoncé à 50 centimètres de profondeur, les arbrisseaux espacés de 60 centimètres en tous sens, sarclés, cultivés, nettoyés du blanc (puceron lanigère) et le sol couvert de feuilles ou d'autre couverture équivalente, tous les printemps.

Cette pépinière doit être complétée tous les trois ans, avec des plants nouveaux.

Un arbre par 3 hectares. Art. 32 — Au moyen de cette pépinière, le fermier plante chaque année, aux endroits indiqués par le propriétaire, un arbrisseau par trois hectares de terre labourable. Il les met dans des fosses de un mètre cinquante centimètres de côté, et de soixante-dix centimètres de profondeur ; — les entoure toujours de pieux et d'épines, pour les garantir du dommage des bestiaux ; — les ente en bonnes espèces choisies par le propriétaire ; — les bêche tous les deux ans, jusqu'à soixante-six centimètres du tronc, tant qu'ils n'ont pas atteint, à un mètre du sol, cinquante centimètres de circonférence.

Si la pépinière manque de plants convenables, le fermier ou colon partiaire est obligé d'en fournir à ses frais.

Les sauvageons qui croissent naturellement sur les fossés ne sont point comptés comme plants. Néanmoins ils doivent toujours être greffés et entretenus par le fermier. Sauvageons.

ART. 33. — Le propriétaire fait, à ses frais, telle plantation que bon lui semble, en indemnisant le fermier de tout dommage causé aux ensemencés.

ART. 34. — Le gui et les autres plantes parasites sont enlevés, chaque année, avant le 1er mars, ainsi que les gourmands, les rejetons et le bois mort des arbres fruitiers. Gui et autres.

SECTION VII.

Coupe des bois.

ART. 35. — Le fermier ne peut abattre aucun bois par pied ni branche, même sous le prétexte d'élagage, ni s'emparer du bois mort ou brisé par accident, sans le gré du propriétaire, sauf l'ex- Défense d'abattre.

ception portée dans l'article précédent, au sujet du bois mort des arbres à fruit.

Rame des têtards.

La rame des têtards appartient au fermier. Elle ne doit être coupée que par septième, chaque année, sans distinction entre le chêne, le frêne, le châtaignier, l'ormeau et autres bois durs. Elle est coupée ras et de rang, sans interruption dans chaque haie.

Saules.

Les saules isolés, les aulnes et autres bois blancs sont coupés à cinq ans et par cinquième, chaque année, en suivant toujours le même rang et sans choix.

Epines. Coupe.

ART. 36. — Les épines et broussailles qui garnissent les haies sont coupées en même temps que les bois et pas plus tôt, en ayant soin de ménager et conserver les renaissances et les jeunes arbres qui s'y rencontrent, sans pouvoir en détruire, élaguer ou étêter aucun que par l'ordre du propriétaire.

Cet ordre n'est jamais censé avoir été donné pour étêter un arbre, si cet arbre n'a au moins dix centimètres de diamètre au collet coupé.

Elagage.

Le fermier est tenu de faire l'élagage de tous les jeunes arbres que lui désigne le propriétaire, à l'époque prescrite par celui-ci, sans autre indemnité que le bois provenant de cet élagage.

Coupe des bois.

ART. 37. — Toutes les coupes de bois émondables sont faites avant le 1er avril. Les fossés sont réparés à la même époque, autant que possible.

Le propriétaire peut.

ART. 38. — Le propriétaire peut faire abattre tel bois que bon lui semble, sans autre indemnité pour le fermier que celle de la réparation des haies et du dommage causé par la chute des arbres.

Sont exceptés les arbres fruitiers greffés et les noyers. Exceptions.

Art. 39. — Si le propriétaire donne au fermier des bois pour un usage quelconque, la propriété n'en est acquise à ce dernier qu'autant qu'ils ont reçu leur destination ; tant qu'ils ne sont pas employés, le propriétaire peut les reprendre en remboursant les frais d'abattage et de débit. Bois donné.

SECTION VIII.

Entrée et sortie du fermier ou du colon partiaire.

Art. 40. — Le fermier ou colon est présumé avoir reçu à son entrée le lieu en bon état, et avoir été indemnisé de toute malversation faite par son prédécesseur. — Il doit en conséquence rendre à sa sortie le lieu en bon état, sauf ce qui aurait été constaté contrairement à cette présomption. Bon état.

Art. 41. — La clôture des prés naturels est faite par le fermier entrant, avec les épines qu'il prend sur celles dont il doit avoir la jouissance après son entrée. Prés. Clôture.

Le fermier entrant est également tenu de nettoyer les prairies. — Si, à l'époque fixée pour leur clôture (art. 25), le fermier sortant n'a pas ramassé et mis en tas les feuilles mortes tombées sur les prés, le fermier entrant a droit de le faire en son lieu et place. Feuilles mortes.

Quart des foins.

Art. 42. — Dans l'année de sa sortie, le fermier ne peut consommer, pour faire les travaux de sa dernière récolte, que le quart des foins naturels. — Il doit prendre ce foin de rang, dans une prairie de son choix, et ne pas le choisir en plusieurs.

Dans le canton de Châteauneuf, le fermier sortant peut consommer le tiers des foins naturels.

Première coupe. Moitié.

Art. 43. — Le fermier sortant peut consommer, verte ou sèche, la moitié de la première coupe de toutes les prairies artificielles, trèfle, luzerne, sainfoin, minette ou ray-grass, de quelque âge qu'elles soient. — L'autre moitié est mise en foin et reste sur le lieu.

La division des deux parts est faite par le fermier entrant, et le choix appartient au fermier sortant.

Secondes coupes.

Le fermier sortant jouit des secondes coupes ou regains de toutes les prairies naturelles et artificielles, mais sans pouvoir en vendre ni enlever, conformément à l'art. 10.

Graines trèfle.

Il partage avec son successeur les graines de trèfle, luzerne, sainfoin, vesces et autres plantes fourragères, s'il y en a.

Foins naturels.

Art. 44. — Le fermier entrant fauche, fane et engrange ou met en barge tous les foins naturels, et la portion de foins artificiels qui lui est attribuée par l'article précédent ; mais le sortant les charroie et prête son concours pour faire les charretées, et par compensation les gerbes de son arrière-récolte sont voiturées par son successeur.

Les foins du fermier entrant sont mis à couvert dans la grange ou le grenier, de préférence à ceux du fermier sortant. Grenier.

ART. 45. — Le fermier sortant fume, laboure et ensemence la même quantité de terre que les autres années, en suivant la rotation établie. Même quantité.

Il a droit à la moitié de la récolte qui en provient, mais en faisant tous les travaux qu'elle nécessite et en payant les deux tiers de l'impôt foncier de l'année qui suit sa sortie. Impôts. Deux tiers.

Cette contribution doit être acquittée avant l'enlèvement de l'arrière-récolte.

Le fermier entré doit les prestations en nature, à partir du mois de janvier qui suit son entrée en jouissance, lors même que le rôle des contributions les porterait au nom de son prédécesseur. Prestations.

ART. 46. — Le fermier entré doit deux journées d'ouvrier par hectare de blé semé, pour aider à couper l'arrière-récolte. — Le fermier sorti les nourrit, mais ne leur doit aucun salaire. Deux journées.

ART. 47. — Les chaumes de seigle ont 45 centimètres de hauteur, ceux de froment 15 centimètres seulement. Chaumes.

Cependant le propriétaire ou le fermier successeur à prix d'argent, peut exiger que ceux-ci aient davantage. Dans ce dernier cas, le fermier sortant peut en couper et consommer un sixième.

ART. 48. — Le fermier successeur fournit aussi, dans l'année qui précède son entrée, deux ouvriers pendant le battage des blés, pour aider Deux ouvriers.

à mettre les pailles en grange ou en meule dans les lieux ordinaires. — La nourriture est donnée par le fermier sortant.

Paillers. La bonne confection des paillers est à la charge du fermier entrant, qui y préside, soit par lui-même, soit par les ouvriers qu'il donne pendant le battage.

Grains de printemps. Art. 49. — L'année de sa sortie, le fermier sème et fume à ses frais, et dans la même proportion que les années précédentes, des grains de printemps qu'il récolte à son profit.

Il permet d'y semer des graines fournies par son successeur, pour prairies artificielles.

Ceux de ces ensemencés qui excéderaient la quantité déterminée par l'art. 14 ou seraient mis dans les terres destinées à l'arrière-récolte, donneront lieu au partage des grains.

Quart des blés. Art. 50. — Le fermier entrant peut, après le 20 mars, semer des trèfles ou graminées fourragères dans le quart des blés d'automne qu'il choisit; mais ne peut y exécuter des hersages qu'avec le consentement du fermier sortant.

Choux. Art. 51. — Il peut également planter en choux un terrain égal au sixième de l'étendue des blés d'automne, dans un champ mis à sa disposition dès le 1er avril, et propre à cette culture, d'après l'ordre de l'assolement.

Cholette. Il a droit de semer de la graine aux endroits ordinaires pour faire une cholette.

De son côté, le fermier sortant peut mettre en choux, dans les terres destinées à l'arrière-récolte, une étendue de terrain égale au douzième des mêmes blés d'automne. Douzième.

Il fume ces choux convenablement et à ses frais, les consomme avant la Toussaint.

Art. 52. — Le fermier entrant peut aussi, du 1er au 15 octobre avant son entrée, semer des coupages sur le sixième des chaumes de froment, mais en choisissant les champs dont la contenance se rapproche le plus de cette étendue. Coupages.

Cette semaille est faite avec les bestiaux, harnais et instruments aratoires du fermier sortant. — En compensation, celui-ci peut se servir des mêmes objets appartenant à son successeur, pour faire pareille quantité de son ensemencé, s'il n'est pas achevé au 15 novembre. 15 novembre.

A cette époque, semailles et prisée doivent être faites.

Dans l'un et l'autre cas, le propriétaire des bestiaux, harnais et instruments aratoires employés, aura la faculté de les conduire lui-même, ou de les faire conduire par un homme de son choix.

Art. 53. — Le fermier sortant consomme la paille du trèfle et de la luzerne gardés à graine, celle du sarrasin, les bourses, les fanes des pommes de terre et les autres racines. Mais il ne peut toucher aux autres pailles ; pas même aux déchets du battage appelés épigots. Paille de trèfle.

Art. 54. — La semence des blés est fournie, dans la dernière année, par le propriétaire ou le fermier entrant, concurremment avec le fermier Semences.

sortant, et proportionnellement à leur droit à la récolte.

Engrais étrangers.

Art. 55. — Les engrais étrangers sont payés dans la même proportion.

Le fermier sortant ne peut prendre de terreaux pour éteindre sa chaux que dans les champs destinés à sa dernière récolte.

Blés. Coupe. battage.

Art. 56. — Les blés sont coupés aussitôt leur maturité, battus immédiatement par le fermier sorti, et exclusivement à ses frais.

Le fermier entré fournit sa maison pour la cuisson des aliments et pour les repas ; — le logement pour les chevaux ou autres animaux employés au battage.

Le bois est fourni par le fermier sorti.

Cidres.

Art. 57. — Les cidres du fermier sortant sont faits par lui au pressoir du lieu, et peuvent rester dans les bâtiments qui leur sont destinés jusqu'au 1er mars.

Marc.

Le marc, amassé dans la fosse ordinaire, reste au fermier entrant, et si le sortant vend ou emporte des fruits à cidre, il doit à son successeur 20 centimes par hectolitre de fruits emportés. — Cette indemnité n'est pas due, lorsqu'un pressoir n'a pas été mis à la disposition du fermier sortant.

Petit cidre.

Le fermier sortant peut faire du petit cidre avec le marc, s'il le juge convenable.

Loges.

Art. 58. — Les loges, sans distinction de forme, restent au propriétaire. — Cependant, si le fermier justifie en avoir fourni tout ou partie à ses frais, le propriétaire a le choix ou de les laisser enlever, ou de les retenir, en tenant compte de la valeur des objets fournis, à dire d'experts, au moment de la sortie.

ART. 59. — Le fermier sortant doit laisser à son successeur cinquante choux cavaliers plantés dans le jardin, par hectare ensemencé en blé d'hiver. — Le fermier entrant a droit de planter lui-même cent poreaux, à raison du même nombre d'hectares. 50 choux. Poreaux.

ART. 60. — Le fermier sortant ne peut faire pâturer les prairies artificielles semées par le fermier entrant, que par les poulains et les bêtes à cornes âgées de moins d'un an. Prés artificiels. Pâture

ART. 61. — Il peut emporter le bois et les épines qui lui appartiennent en vertu des art. 35 et 36, ainsi que les osiers qu'il a droit de couper avant sa sortie. Bois. Osiers.

ART. 62. — Le fermier sortant enlève les bestiaux qui lui appartiennent. S'il est chargé d'un cheptel, il est procédé à sa remise et au partage de l'excédant, conformément à l'art. 1817 du Code civil (1). Cheptel

ART. 63. — Si le fermier sortant plante des pommes de terre (2) ou sème du blé noir dans Pommes de terre.

(1) ART. 1817 du Code civil : A la fin du bail ou lors de la résolution de celui-ci, il se fait une nouvelle estimation du cheptel. Le bailleur peut prélever les bêtes de chaque espèce jusqu'à concurrence de la première estimation : l'excédant se partage. — S'il n'existe pas assez de bêtes pour remplir la première estimation, le bailleur prend ce qui reste et les parties se font raison de la perte.

(2) On plante généralement les pommes de terre, on ne sème que pour obtenir des variétés. La graine et le tubercule mis habituellement en terre, soit entier soit par morceaux, sont deux choses différentes.

Blé noir. les terres destinées à l'arrière-récolte, il doit les fumer convenablement avec les engrais du lieu ou des engrais étrangers. — Ceux-ci sont payés par moitié et la récolte est partagée, déduction faite de la semence.

Racines. Partage. ART. 64. — Le fermier sortant peut emporter la portion de pommes de terre qui lui est attribuée par l'article précédent. — Les autres racines fourragères, navets, carottes, betteraves, seront également partagées comme les pommes de terre.

Année de sortie. ART. 65. — Le fermier doit, l'année de sa sortie, se comporter en tout généralement sur le lieu, comme s'il devait continuer de l'exploiter.

Dommages-intérêts. ART. 66. — Il est passible de dommages-intérêts pour toute la durée de sa jouissance, sans excéder neuf ans.

Les dommages-intérêts s'appliquent à tous les dégâts commis et, en outre, aux terres arables qui seraient laissées empoisonnées de chiendent, d'ivraie ou d'autres mauvaises herbes, et en général à tous les torts qui seraient faits à la ferme, par malice ou par négligence.

Compensation. ART. 67. — Le fermier sortant ne peut réclamer aucune indemnité pour améliorations constatées sur sa ferme.

Cependant s'il y avait, comme cela arrive quelquefois, dégradations d'un côté, améliorations de l'autre, les experts chargés de faire l'état de lieux devraient admettre, jusqu'à due concurrence, le principe de la compensation.

ART. 68. — La prescription est acquise au fermier sortant un an après sa sortie. Prescription.

CHAPITRE II.

Usages particuliers applicables aux baux à prix d'argent.

ART. 69. — Le fermier fournit tous les bestiaux, instruments aratoires et semences nécessaires à l'exploitation. Bestiaux.

ART. 70. — La ferme doit toujours être garnie de meubles, instruments aratoires et bestiaux en suffisante quantité pour une bonne exploitation et garantir les droits du propriétaire. Meubles nécessaires.

ART. 71. — Le prix de ferme en entier doit être acquitté annuellement au domicile du propriétaire, au jour de l'expiration de chaque année de jouissance. Prix de ferme.

ART. 72. — Toutes les faisances et redevances autres que le prix de ferme en argent, doivent être acquittées dans le cours de chaque année de jouissance, et ne peuvent être reportées d'une année sur l'autre. Redevances.

ART. 73. — Le fermier ne peut, sans l'agrément du propriétaire, exploiter des terres étrangères à sa ferme. Terres étrangères.

CHAPITRE III

Usages particuliers applicables aux baux à moitié fruits.

Bestiaux. ART. 74. — Le colon partiaire ou métayer (1) fournit la moitié des bestiaux et des semences de toute nature, et la totalité des instruments et ustensiles aratoires nécessaires à l'exploitation.

Fruits. Partage. ART. 75. — Tous les fruits naturels et industriels se partagent par égale portion entre le propriétaire et le colon, à l'exception de ceux qui doivent être consommés sur le lieu pour la nourriture des bestiaux ; — et en outre des rames des émondes, du lait, du beurre et des œufs.

Volailles. Les volailles de toute nature sont comprises dans ce partage.

Abeilles. Les abeilles sont censées appartenir au colon partiaire en totalité.

Légumes. Le colon peut cultiver dans le jardin les légumes nécessaires à son ménage ; le surplus rentre dans la catégorie des produits communs.

Travaux. ART. 76. — Il exécute, à ses frais, tous les travaux de culture et d'exploitation.

Consentement du propriétaire. ART. 77. — Les hommes nécessaires sur le lieu, conformément à l'art. 4, et les bestiaux qui le garnissent, ne peuvent être employés à aucun travail étranger, sans le consentement du propriétaire.

Ne peut vendre. ART. 78. — Le colon ne peut, sans le même

(1) Ces deux mots ont la même signification.

consentement, vendre, changer, ni acheter aucun bétail.

Elèves. Choix.

Art. 79. — Il doit également se conformer à la volonté du propriétaire pour l'espèce et la quantité des élèves de toute nature ;

Semences.

Pour le choix des semences ;

Culture.

L'étendue et le genre des diverses cultures, la forme des labours.

Femelles.

Art. 80. — Le propriétaire indique les femelles qui doivent être saillies, a le choix des étalons et paie la moitié de la saillie.

Saillies.

L'indication des étalons par le propriétaire ne peut obliger le colon, si ces étalons sont éloignés de plus de vingt kilomètres.

Veaux. Sevrage.

Art. 81. — Les veaux, mâles ou femelles, ne sont pas sevrés avant quatre mois.

Les mâles, à l'exception de ceux que l'on veut conserver comme reproducteurs, sont castrés pendant l'allaitement.

Récolte, battage.

Art. 82. — La récolte et le battage sont faits par le colon et à ses frais.

Les grains et graines de toute espèce sont convenablement nettoyés au tarare, les lins et les chanvres broyés et teillés, les fruits à couteau serrés à la main, les cidres faits à mesure de la maturité des fruits et entonnés avant le partage.

Petit cidre.

Il ne peut être fait de petit cidre qu'avec l'agrément du propriétaire.

Transport des produits.

Art. 83. — La moitié de tous les produits revenant au propriétaire doit être transportée à l'époque et au lieu qu'il indique, dans un rayon de vingt kilomètres.

Ce transport, dans le cas de changement de colon, est fait par celui qui exploite, et non par celui qui est sorti.

Tonneaux. Le colon va en outre chercher à la même distance les tonneaux destinés à recevoir la portion de cidre du propriétaire.

Foires. Bestiaux. ART. 84. — Le colon conduit à ses frais, aux foires et marchés désignés par le propriétaire, les bestiaux destinés à être vendus, et remet immédiatement à celui-ci, et à son domicile, la moitié du prix de la vente.

Péage. Les droits de péage aux foires sont supportés en commun.

Vétérinaire, cribleur. ART. 85. — Le salaire du vétérinaire, du cribleur, du taupier, et celui du maréchal-taillandier, seulement pour les menues réparations des charrues et autres instruments aratoires, le fer et l'acier étant fournis par le colon, sont payés à frais communs (1).

Le maréchal-ferrant est payé par le colon seul.

Engrais achetés. ART. 86. — Les engrais étrangers sont payés par moitié et voiturés par les attelages du lieu, aux frais du colon, qui va les prendre aux lieux ordinaires de vente.

Pommes de terre, racines. ART. 87. — Le colon peut disposer à son profit particulier d'une portion de pommes de terre ou d'autres racines fourragères, égale à celle que le propriétaire prend pour lui-même.

Mais lors même que celui-ci n'en prendrait

(1) Ces différents frais sont ordinairement acquittés en grains, suivant une espèce d'abonnement appelé *accens* dans nos campagnes. Ce grain est prélevé avant le partage sur tas commun.

aucune portion, le colon peut toujours employer pour son ménage six hectolitres de pommes de terre.

Sortie. Pommes de terre, etc. Partage.

ART. 88. — A la sortie du colon partiaire, les pommes de terre et autres racines fourragères sont partagées de la manière suivante :

1° Moitié pour le colon sortant, moitié pour le propriétaire, si l'exploitation à titre de colonage partiaire continue ;

2° Moitié pour le colon sortant, moitié pour le fermier entrant, si le métayage cesse et se change en bail à prix d'argent.

Le partage des menus grains semés dans les terres de l'arrière-récolte se fait de la même manière.

Nouvelles haies.

ART 89. — Le colon doit, comme il est dit ci-dessus à l'art. 6, l'entretien des nouvelles haies, et ne peut s'opposer aux destructions ou modifications des anciennes.

Echanges.

ART. 90. — Le propriétaire peut faire tous les échanges qui lui conviennent en indemnisant le colon s'il y a lieu.

Fermiers généraux.

ART. 91. — Les fermiers généraux jouissent de tous les droits attribués au propriétaire par le présent chapitre.

CHAPITRE IV.

Usages applicables aux terres volantes.

Terres volantes.

ART. 92. — Les terres volantes sont, comme il est dit aux notions préliminaires, celles qui n'appartiennent pas à un corps de ferme.

Durée du bail. — Art. 93. — La durée du bail n'est que d'une année. — Le congé peut être signifié par les parties six mois seulement avant le premier novembre (1).

Culture. — Art. 94. — Le fermier les cultive comme bon lui semble, sans pouvoir cependant changer leur nature.

Point d'arrière-récolte. — Art. 95. — Elles ne sont point sujettes au droit de suite ou d'arrière-levée, et doivent être libres à l'expiration du bail.

Fumures. — Art. 96. — Elles doivent être fumées dans la même proportion que les terres de ferme.

Foins, pailles. — Art. 97. — Le fermier dispose comme bon lui semble des foins, pailles et produits quelconques qu'il y récolte, même la dernière année de sa jouissance.

Bois, épines. — Art. 98. — Les bois et épines sont coupés aux mêmes époques que dans les fermes.

Haies, fossés. — Art. 99. — Le fermier doit la réparation des haies et fossés qui accompagne toujours la coupe des bois et épines ; — et si la terre volante est de nature de pré, elle est soumise à tous les usages mentionnés à la section V du chapitre Ier, pages 26 et suiv.

CHAPITRE V.

Bois–Taillis.

Art. 100. — Les bois–taillis sont coupés, savoir :

(1) Voir les art. 1774 et 1775 du Code civil et la note de la page 16.

Le chêne et autres bois à neuf ans. Neuf ans.

Le châtaignier à six ans. Six.

Cette distinction est réglée selon que l'une ou l'autre essence de bois y domine.

ART. 101. — S'il y a un aménagement établi, le fermier doit le suivre sans s'en écarter. Aménagement.

ART. 102. — Le fermier ne peut réclamer d'indemnité pour les sèves que leur âge ne lui a pas permis de prendre. Sèves.

ART. 103. — Les bois qui se trouvent sur les haies sont coupés comme le taillis lui-même ; les haies et fossés doivent être réparés en même temps. Bois sur les haies.

ART. 104. — Les bruyères et morts-bois ne doivent point être coupés avant le taillis. Bruyères.

Les feuilles, gazons, glands et faînes ne doivent jamais être enlevés. Feuilles.

ART. 105. — Le fermier ne peut jamais mettre de bestiaux à paître dans les bois-taillis sans l'autorisation expresse du propriétaire. Bestiaux.

Les bois de châtaigniers doivent être nettoyés et vidangés au 15 avril ; 15 avril.

Les bois de chênes au 25 mai. 25 mai.

CHAPITRE VI.

Vignes.

ART. 106. — Les vignes reçoivent deux façons : Deux façons.

Le déchaussage au mois de mars ;

Et le béchage au mois de juin.

Taille. L'on taille à deux nœuds et à un ou deux bourgeons par tête, selon la force du ceps. Les personnes soigneuses épouillent (ébourgeonnent) en juin.

CHAPITRE VII.

Usages applicables aux passages.

Largeur. ART. 107. — La largeur des passages non reconnus par titres ou conventions particulières, est fixée comme suit :

1° Pour un passage avec voiture attelée.	3m	»»
2° Dans les anfractuosités	5	33
3° Pour un passage à pied, avec cheval chargé ou non chargé	1	50
4° Avec civière ou brouette	1	50
5° Pour mener et ramener les bestiaux..	1	50
6° Pour aller à un puits ou une fontaine.	1	33
7° Pour un simple passage de pied......	0	70

CHAPITRE VIII.

Usages applicables aux moulins.

Tournants, virants. ART. 108. — On fait à l'entrée et à la sortie d'un meunier une estimation des *tournants, virants et travaillants*, et le rapport de la différence, s'il y en a, revient à qui de droit.

ART. 109. — Le meunier prend, pour droit de

mouture, un dixième du poids qui lui est livré. Quelquefois le paiement a lieu en argent.

CHAPITRE IX.

Usages applicables aux ventes de bois à brûler.

ART. 110. — Les bois à brûler se vendent, savoir :

Le gros bois, à la corde forestière ayant 2^m66 de couche ou longueur, 1^m50 de hauteur et 0^m88 de largeur. Gros bois

Les bois de taillis ou branchages, dits menus bois, par fagots à un ou deux liens. Fagots.

Les fagots à deux liens ont 1^m50 de hauteur et 0^m80 à 0^m85 de circonférence. — Les fagots à un lien ou bourrées, ont 1^m30 de hauteur et 0^m80 à 0^m85 de circonférence.

On donne généralement 104 fagots pour 100.

CHAPITRE X.

Usages applicables aux ventes de céréales, foins et pailles.

ART. 111. — Les céréales se vendent à l'hectolitre et au poids, savoir : Hectolitre Poids.

1° Le blé à l'hectolitre de............ $77^k1/2$
2° Le seigle id. de............ 75
3° L'orge id. de............ 65

4° L'avoine à l'hectolitre		de..........	50k
5° Le colza	id.	de..........	65
6° Le blé noir	id.	de..........	65

Foins, pailles. ART. 112. — Les foins et pailles se vendent à la charretée de 1050 kilos.

CHAPITRE XI.

Du louage des domestiques des deux sexes employés dans les fermes et métairies.

24 juin. ART. 113. — Le louage des domestiques commence et finit le 24 juin de chaque année, ou jour de Saint-Jean.

Les principes posés ci-après, pour la fixation des dommages-intérêts dus, soit par le maître, soit par le domestique, en cas de résiliation du louage, sont également applicables aux métiviers, mais seulement dans les limites et dans la proportion du temps de leur engagement.

Avant. pendant. ART. 114. — La résiliation des conventions de ce louage peut avoir lieu avant et pendant le cours de son exécution, sauf les indemnités ci-après spécifiées, dues par celle des parties qui a causé la résiliation.

Plus de deux mois. ART. 115. — Si la résiliation a lieu plus de deux mois avant l'entrée au service, et qu'elle vienne du fait du maître, celui-ci perd les arrhes ou denier à Dieu qu'il a donnés ; si elle vient du fait du domestique, celui-ci rend le double des arrhes qu'il a reçues.

Dans les deux mois. Si la résiliation a lieu dans les deux mois qui précèdent l'entrée au service, l'indemnité de part et d'autre est du douzième au tiers des gages de toute l'année, suivant l'époque plus ou moins rapprochée de l'entrée au service.

Au cours du louage.

ART. 116. — Si la résiliation a lieu pendant le cours du louage, les indemnités sont réglées sur les bases posées dans l'article précédent ; c'est-à-dire qu'elles ne peuvent, en tout cas, être inférieures au douzième, ni supérieures au tiers des gages de toute l'année.

Indemnités.

Les indemnités sont plus ou moins élevées, en raison du préjudice plus ou moins grand résultant de l'époque à laquelle a eu lieu la résiliation. Si cette résiliation a lieu du 1er mai au 1er novembre inclusivement, l'indemnité, si elle est encourue par la faute du domestique, est due tout entière par lui, en raison de l'époque de sa sortie, et si elle est due par la faute du maître, elle est moitié moindre.

1er mai au 1er novembre.

Au contraire, si la résiliation a lieu dans la période du 1er novembre au 1er mai, l'indemnité, si elle est encourue par la faute du maître, est supportée tout entière par lui, et si elle est due par la faute du domestique, elle est moitié moindre.

1er novembre au 1er mai.

Sauf, dans tous les cas, l'appréciation des motifs et circonstances de la résiliation, et même de plus grands dommages-intérêts pour autres causes, s'il y a lieu.

Arrhes.

ART. 117. — Les arrhes ou denier à Dieu font partie du prix du louage et entrent dans le calcul des indemnités fixées ci-dessus.

Art. 118. — La remise des arrhes ne dispense pas du paiement de l'indemnité.

Mariage. Art. 119. — L'excuse tirée du fait que le domestique se marie ou apprend un état n'est pas admissible.

Tous les travaux. Art. 120. — Le domestique doit faire, dans la mesure de ses forces, tous les travaux qui lui sont commandés, à moins de stipulations contraires.

Maladie. Art. 121. — En cas de maladie constatée par médecin, le domestique peut quitter son maître sans indemnité. — De son côté, le maître peut aussi, sans indemnité, remplacer le domestique malade.

Inconduite. Art. 122. — Si le maître est obligé de renvoyer son domestique pour inconduite, il ne doit aucune indemnité, et peut même en réclamer une, suivant les circonstances.

Cesse d'exploiter. Art. 123. — Si le fermier cesse d'exploiter, le domestique peut résilier le louage sans indemnité, ou rester au service du nouveau fermier.

Nouveau fermier. Art. 124. — Si le nouveau fermier n'accepte pas ses services, le domestique peut exiger des dommages-intérêts du fermier sorti, ou s'il est mort, de ses héritiers.

Successeur héritier. Art. 125. — Si le fermier sucesseur est héritier du fermier décédé pendant le cours de l'année, la convention du louage n'est pas modifiée.

24 juin. 11 novembre. Art. 126. — Le temps qui s'écoule de la Saint-Jean à la Saint-Martin (11 novembre) est considéré comme formant la moitié de l'année.

DEUXIÈME PARTIE.

USAGES URBAINS

CHAPITRE Ier.

Maisons, Jardins, Chantiers.

ART. 1er. — Le bail d'une maison commence d'habitude au 1er novembre. 1er novembre.

ART. 2. — Toutes les fois que le bail n'a pas été passé par écrit, sa durée n'est que d'une année. Durée.

ART. 3. — La partie qui veut faire cesser le bail doit donner congé, savoir : Congé.

1° Trois mois d'avance pour une location d'un prix inférieur à 200 fr. ; Trois mois.

2° Six mois d'avance pour une location de 200 fr. et au-dessus. Six mois.

ART. 4. — Les chambres garnies se louent à l'année ou au mois. — Dans le premier cas, le congé doit être donné trois mois d'avance ; dans le second, quinze jours d'avance seulement. Chambres garnies.

La même règle s'applique aux appartements garnis.

ART. 5. — Le locataire est tenu d'indemniser le propriétaire de toutes les dégradations commises par lui sur la chose louée. Dégradations.

ART. 6. — Les époques de paiement sont généralement fixées au 1er novembre qui suit l'entrée en jouissance. Paiement.

Cependant on paie quelquefois un terme à l'avance.

Impôts. ART. 7. — Les impôts fonciers sont à la charge du propriétaire. — Les impôts des portes et fenêtres sont payés par le locataire, sauf pour les appartements et chambres garnis.

Etat de lieux. ART. 8. — Les frais de l'état de lieux fait à l'entrée en jouissance sont supportés par moitié entre le preneur et le bailleur.

CHAPITRE II.

Jardins seuls, Chantiers.

Jardins. ART. 9. — Le bail des jardins loués séparément commence également, d'habitude, le 1er novembre.

Durée. Congé. La durée du bail, sauf stipulations contraires, est d'une année seulement. — Le congé doit être donné six mois d'avance.

Pour le remplacement des arbres morts, le propriétaire fournit le plant et le locataire le plante.

Arbres. ART. 10. — Le locataire, à l'expiration du bail, enlève les arbres d'agrément, les fleurs et plantes-mères en pot.

Quant aux grands arbres d'agrément ou d'ornement, le locataire ne peut ni les enlever ni les détruire, à moins qu'ils n'aient été plantés en panier.

Fruits. légumes. ART. 11. — Le locataire ne profite pas des fruits et légumes non parvenus à maturité au moment de l'expiration du bail.

Jardiniers-pépiniéristes. ART. 12. — Les jardiniers-pépiniéristes ont, par exception, la faculté de disposer à leur gré des plants destinés à la vente, dont ils ont garni les jardins à eux loués, et des abris qu'ils peuvent établir pour conserver leurs végétaux.

Le terreau et les terres de bruyère étant leur propriété, peuvent être enlevés par eux.

Pavillons.

Art. 13. — Le locataire peut aussi enlever les pavillons et autres constructions qu'il a pu bâtir à ses frais, s'il n'y a clause contraire.

Espaliers.

Art. 14. — Les espaliers, immeubles par destination, sont fournis par le propriétaire, ainsi que les crampons destinés à les assujétir. — Le locataire les entretient.

Chantiers.

Art. 15. — Les chantiers sont censés affermés pour un an. — Le congé doit être donné trois mois d'avance.

CHAPITRE III.

Ouvriers, Domestiques attachés à la personne.

Six jours.

Art. 16. — Les patrons et ouvriers qui veulent rompre leur contrat de louage sont tenus de se prévenir six jours francs à l'avance.

Huit jours.

Art. 17. — Le délai pour les maîtres et domestiques attachés à la personne est, dans le même cas, de huit jours.

Arrhes.

Si le louage n'est pas commencé, le domestique qui veut rompre son engagement rend le double des arrhes ou denier à Dieu qu'il a reçues ; il les garde quand la résolution du contrat de louage est le fait du maître.

CHAPITRE IV.

Constructions diverses.

Distances. Art. 18. — Pour bâtir auprès d'un mur appartenant en tout ou en partie à un voisin, on doit observer les distances suivantes :

Etable, etc. Pour une étable, une écurie ou une fosse à fumier, on construit un contre-mur de 22 centimètres d'épaisseur. — Pour un amas de matières corrosives, le contre-mur doit avoir 33 centimètres d'épaisseur. — Pour une forge, un four ou fourneau, on laisse un intervalle vide et non clos, large de 16 centimètres et demi, entre le mur voisin et le contre-mur, qui doit avoir 33 centimètres.

Puits, fosse d'aisances. Pour un puits ou une fosse d'aisances, le contre-mur a 50 centimètres d'épaisseur. Un mètre de maçonnerie est nécessaire entre deux puits ; 1 mètre 33 centimètres de maçonnerie est utile, lorsqu'il y a d'un côté un puits et de l'autre une fosse d'aisances ; mais cette épaisseur ne peut être exigée si le puits a été construit le dernier et si les parois de la fosse sont imperméables.

Le tout, sans préjudice de dommages-intérêts, pour mauvaise exécution.

Ces différents travaux devront être faits en chaux hydraulique (1).

(1) Cet article, bien que mis au chapitre IV des Usages urbains, est applicable dans les bourgs et villages.

DEUXIÈME PARTIE.

VICES RÉDHIBITOIRES. — MALADIES CONTAGIEUSES. — TYPHUS. — LOI GRAMMONT. — CONTRAVENTIONS RURALES. — CHASSE. — PÊCHE. — ROULAGE. — VOITURES PARTICULIÈRES. — SERVITUDES QUI DÉRIVENT DE LA SITUATION DES LIEUX. — DRAINAGE. — IRRIGATIONS. — ABEILLES. — LAPINS. — SANGLIERS. — OISEAUX, ETC.

Vices rédhibitoires.

Code civil. Art. 1641.

L'article 1641 du Code civil porte : Le vendeur est tenu de la garantie, à raison des défauts cachés de la chose vendue, qui la rendent impropre à l'usage auquel on la destine, ou qui diminuent tellement cet usage, que l'acheteur ne l'aurait pas acquise, ou n'en aurait donné qu'un moindre prix, s'il les avait connus.

Aux termes de l'article 1er de la loi du 20 mai 1838, sont réputés vices rédhibitoires et donnent seuls ouverture à l'action résultant de l'article 1641 du Code civil dans les ventes ou échanges d'animaux domestiques ci-dessous dénommés, sans distinction des localités où les ventes et échanges ont eu lieu, les maladies ou défauts ci-après, savoir :

Cheval. Ane mulet.

Pour le cheval, l'âne ou le mulet :

La fluxion périodique des yeux, — l'épilepsie ou mal caduc, — la morve, — le farcin, — les maladies anciennes de poitrine ou vieilles courbatures, — l'immobilité, — la pousse, — le cornage chronique, — le tic sans usure des dents, — les hernies inguinales intermittentes, — la boiterie intermittente pour cause de vieux mal.

Espèce bovine.

Pour l'espèce bovine :

La phthisie pulmonaire ou pommelière, — l'épilepsie ou mal caduc, — les suites de la non-délivrance, — le renversement du vagin ou de l'utérus, après le part chez le vendeur (1).

(1) Vulgairement nommé *sabot*.

Espèce ovine.

Pour l'espèce ovine :

La clavelée. Cette maladie reconnue chez un seul animal entraînera la rédhibition de tout le troupeau. La rédhibition n'aura lieu que si le troupeau porte la marque du vendeur. — Le sang de rate. Cette maladie n'entraînera la rédhibition du troupeau qu'autant que, dans le délai de la garantie, la perte constatée s'élèvera au quinzième au moins des animaux achetés. Dans ce dernier cas, la rédhibition n'aura lieu également que si le troupeau porte la marque du vendeur.

Art. 2. — L'action en réduction de prix, autorisée par l'article 1644 du Code civil, ne pourra être exercée dans les ventes et échanges d'animaux énoncés à l'article 1er ci-dessus.

Délai.

Art. 3. — Le délai pour intenter l'action rédhibitoire sera, non compris le jour fixé pour la livraison, — de trente jours pour le cas de fluxion périodique des yeux et l'épilepsie ou mal caduc ; — de neuf jours pour tous les autres cas.

Augmentation d'un jour par 5 myriamètres.

Art. 4. — Si la livraison de l'animal a été effectuée, ou s'il a été conduit, dans les délais ci-dessus, hors du lieu du domicile du vendeur, les délais seront augmentés d'un jour par cinq myriamètres de distance du domicile du vendeur au lieu où l'animal se trouve.

Nomination d'experts.

Art. 5. — Dans tous les cas, l'acheteur, à peine d'être non recevable, sera tenu de provoquer, dans le délai de l'article 3, la nomination d'experts chargés de dresser procès-verbal. — La requête sera présentée au juge de paix du lieu où se trouve l'animal. — Le juge nommera immédiatement, suivant l'exigence des cas, un ou trois experts, qui devront opérer dans le plus bref délai.

Dispense de conciliation.

Art. 6. — La demande sera dispensée du préliminaire de conciliation, et l'affaire instruite et jugée comme matière sommaire.

Animal qui vient à périr.

Art. 7. — Si pendant la durée des délais fixés par l'article 3, l'animal vient à périr, le vendeur ne sera pas tenu de la garantie, à moins que l'acheteur ne prouve que la perte de l'animal provient de l'une des maladies spécifiées dans l'article 1er.

Animal mis en contact.

Art. 8. — Le vendeur sera dispensé de la garantie résultant de la morve ou du farcin, pour le cheval, l'âne et le mulet, et de la clavelée pour l'espèce ovine, s'il prouve que l'animal, depuis la livraison, a été mis en contact avec des animaux atteints de ces maladies.

Délais. Partent de la livraison.

Les délais fixés par l'article 3 courent du jour de la livraison, et non du jour de la vente. L'acheteur ne peut connaître les vices de l'animal vendu, qu'après la livraison.

Sont francs.

Ces délais sont francs et entiers, suivant arrêt de la Cour de cassation, du 6 mars 1867. — C'est-à-dire que le jour de la livraison et le dernier jour ne comptent pas.

Ainsi il a été jugé que si la livraison a lieu le 1er septembre, l'action peut encore être intentée le 11 pour un délai de neuf jours, et le 2 octobre pour un délai de trente jours.

L'action doit être intentée.

Jugé également que l'action rédhibitoire doit,

à peine de déchéance, être intentée dans le délai légal, fixé por la loi de 1838, et qu'il ne suffit pas, pour éviter la déchéance, d'avoir provoqué dans ce délai la nomination d'experts chargés de visiter l'animal soupçonné de vice rédhibitoire.

Juge de paix.

L'action est portée devant le juge de paix du domicile du vendeur, lorsque la valeur n'excède pas 200 fr.

Tribunal de commerce.

Elle est portée devant le tribunal de commerce, si la convention a eu lieu entre marchands.

Est limitative.

L'énumération indiquée par la loi de 1838 est limitative. Il n'est pas permis d'ajouter aux vices qui y sont spécifiés d'autres défauts, quelle que soit leur gravité.

Pissement de sang.

Ladrerie.

Ainsi le pissement de sang, devenu depuis quelques années très-fréquent chez les bêtes à cornes, la ladrerie chez les porcs, ne sont pas des vices rédhibitoires.

Ce que doit faire tout acheteur prudent.

En conséquence, tout acheteur prudent doit, avant de finir un marché et marquer la bête qui fait l'objet de la vente, adresser au vendeur la question suivante : Me garantissez-vous, ou m'affirmez-vous que votre animal ne pisse pas le sang? — Et faire constater la réponse par écrit quand le vendeur sait signer; — en présence de deux témoins, quand il ne sait pas signer.

Si la preuve testimoniale ne peut être admise, en raison du prix élevé de l'animal vendu, l'acheteur a du moins la ressource du serment.

Maladie contagieuse.

Dès qu'un propriétaire ou fermier vient à s'apercevoir qu'il a un animal infecté, ou même soupçonné simplement d'être infecté d'une maladie contagieuse, il doit en prévenir le maire de la commune où il se trouve, sous peine d'amende et même d'emprisonnement.

Voici en effet ce que disent les articles 459, 460 et 461 du Code pénal :

Art. 459. — Tout détenteur ou gardien d'animaux ou de bestiaux soupçonnés d'être infectés de maladie contagieuse, qui n'aura pas averti sur-le-champ le maire de la commune où ils se trouvent, et qui, même avant que le maire ait répondu à l'avertissement, ne les aura pas tenus enfermés, sera puni d'un emprisonnement de six jours à deux mois et d'une amende de 16 à 200 fr. Code pénal Art. 459.

Art. 460. — Seront également punis d'un emprisonnement de deux à six mois et d'une amende de 100 à 500 fr., ceux qui, au mépris des défenses de l'administration, auront laissé leurs animaux ou bestiaux communiquer avec d'autres. Art. 460

Art. 461. — Si de la communication mentionnée au précédent article, il est résulté une contagion parmi les autres animaux, ceux qui auront contrevenu aux défenses de l'autorité administrative seront punis d'un emprisonnement de deux à cinq ans et d'une amende de 100 à 1,000 fr. ; le tout sans préjudice de l'exécution des lois et réglements relatifs aux maladies épizootiques, et de l'application des peines y portées. Art. 461

Animaux morts. Enfouissement.

Aux termes de l'article 13 titre II du Code rural; loi du 28 septembre 1791, toujours en vigueur, les animaux morts doivent être enfouis dans la journée à quatre pieds, un mètre trente-trois centimètres de profondeur, ou voiturés à l'endroit désigné par la municipalité, pour y être également enfouis, le tout sous peine d'amende.

Typhus.

Typhus ou Peste bovine.

Le typhus contagieux des bêtes à cornes ou peste bovine, est une maladie étrangère à nos climats. Jamais il ne se développe spontanément dans les différentes contrées de l'Europe occidentale. C'est dans les plaines immenses de la Hongrie et de la Russie connues sous le nom de *steppes*, que le typhus prend naissance.

Entrée en France.

En 1865 il exerçait des ravages terribles en Angleterre, en Belgique, en Hollande. Vers la fin de 1870, il entraît en France au milieu de tous nos désastres, à la suite de l'invasion étrangère.

Indemnité.

La loi du 30 juin 1866 accorde, au propriétaire de l'animal atteint du typhus et abattu par ordre de l'autorité publique, une indemnité montant aux trois quarts de la valeur de l'animal.

Prévenir le maire.

Mais pour avoir droit à cette indemnité des trois quarts, il faut tout d'abord, conformément à l'article 459 du Code pénal ci-dessus rapporté, prévenir le maire de la commune que l'on habite.

Loi Grammont.

Loi Grammont

La loi du 2 juillet 1850, dite loi Grammont, du nom de son auteur, est la loi protectrice des animaux domestiques.

Animaux domestiques.

Elle punit d'une amende de 5 à 15 fr., et même, suivant la gravité de la contravention, d'un emprisonnement de 1 à 5 jours, ceux qui exercent publiquement et abusivement de mauvais traitements sur les animaux domestiques.

Ainsi cette loi réprime le fait d'avoir transporté des animaux entassés dans une voiture et ayant les pieds liés ensemble. — Et cet autre fait, de les avoir placés de manière à leur occasionner des souffrances pendant le temps du parcours de cette voiture. (Cass. 22 août 1857.)

Combats de coqs

Le fait de se divertir à faire battre publiquement des coqs, après avoir armé leurs éperons d'ergots artificiels en acier pour leur faciliter les moyens de se blesser et de s'entre-tuer, constitue la contravention de mauvais traitements sur un animal domestique. (Tribunal de police de Roubaix, 26 février 1852.)

Contraventions rurales.

Contraventions rurales.

Depuis longtemps on parle d'un nouveau Code rural, et ce Code ne se fait point. Pourquoi ? et quelles causes le retardent ? Nous n'en savons rien. Quand se fera-t-il ? Personne ne le sait. Voici, en attendant, quelles sont les contraventions les plus communes dans les campagnes :

Code pénal art. 471.

Sont punis d'une amende de 1 à 5 fr., art. 471 du Code pénal :

Objets laissés dans les champs.

1° Ceux qui laissent dans les champs, rues et places des coutres de charrue, pinces, barres, barreaux ou autres machines, instruments ou armes, pouvant servir aux voleurs ou autres malfaiteurs.

Echenillage.

2° Ceux qui négligent d'écheniller dans les campagnes et jardins, où ce soin est prescrit par la loi et les réglements.

Maraudage

3° Ceux qui, sans autre circonstance prévue par les lois, cueillent ou mangent des fruits appartenant à autrui.

Fours, cheminées

4° Ceux qui négligent d'entretenir, réparer, nettoyer les fours, cheminées ou usines où l'on fait du feu.

Glanage.

5° Ceux qui, sans autre circonstance, glanent, ratèlent ou grapillent dans les champs non encore entièrement dépouillés et vidés de leurs récoltes, ou avant le lever et après le coucher du soleil.

Passage sur le terrain d'autrui.

6° Ceux qui, sans droit, passent sur le terrain d'autrui, ou partie de ce terrain, s'il est préparé ou ensemencé.

Bestiaux, bêtes de trait, etc.

7° Ceux qui laissent passer leurs bestiaux ou bêtes de trait, de charge ou de monture avant l'enlèvement de la récolte.

Chardons.

8° Ceux qui n'ont pas soin de couper et arracher les chardons, quand un arrêté de préfecture commande de le faire.

Code pénal art. 475.

Sont punis d'une amende de 6 à 10 fr., Code pénal, art. 475 :

1° Ceux qui font ou laissent courir leurs chevaux, bêtes de trait, de charge ou de monture dans l'intérieur d'un lieu habité.

Chevaux qui courent.

2° Ceux qui laissent divaguer des fous ou des furieux étant sous leur garde, ou des animaux malfaisants ou féroces ; — ceux qui excitent ou ne retiennent pas leurs chiens, lorsqu'ils attaquent ou poursuivent les passants, qnand bien même il n'en résulterait aucun mal ni dommage.

Fous furieux.

3° Ceux qui, sans droit, passent sur le terrain d'autrui, quand ce terrain est chargé de grains en tuyau, de raisins ou autres fruits mûrs ou voisins de la maturité.

Passage sur le terrain d'autrui ensemencé.

4° Ceux qui font ou laissent passer des bestiaux, animaux de trait, de charge ou de monture sur le terrain d'autrui ensemencé ou chargé d'une récolte.

Bestiaux.

Sont punis d'une amende de 11 à 15 fr., art. 479 du Code pénal :

Code pénal art. 479.

1° Ceux qui occasionnent la mort ou la blessure des animaux appartenant à autrui, par l'effet de la divagation des fous ou furieux, ou d'animaux malfaisants ou féroces, ou par la rapidité ou la mauvaise direction, ou le chargement excessif des voitures, chevaux, bêtes de trait, de charge ou de monture.

Mort ou blessure d'animaux.

2° Ceux qui occasionnent les mêmes dommages, par l'emploi ou l'usage d'armes sans précaution ou avec maladresse, ou par le jet de pierres ou autres corps durs.

Armes.

3° Ceux qui dégradent ou détériorent d'une

Dégradation des chemins.

manière quelconque les chemins publics ou usurpent sur leur largeur.

Animaux conduits sur le terrain d'autrui.

4° Ceux qui mènent sur le terrain d'autrui des animaux, de quelque nature qu'ils soient, notamment dans les prairies artificielles, vignes, pépinières et autres.

Enlèvement de gazons, terres, etc.

5° Ceux qui, sans y être dûment autorisés, enlèvent des chemins publics les gazons, terres ou pierres, ou qui, dans les lieux appartenant aux communes, enlèvent des terres ou matériaux, à moins qu'il n'existe un usage général qui l'autorise.

Code forestier.

Code forestier.

L'article 144 du Code forestier, applicable à tous les bois et forêts en général, défend sous peine d'une amende de 10 à 30 fr., suivant les cas, toute extraction ou enlèvement non autorisé de pierres, sable, terre, gazon, tourbe, bruyère, genêts, fougère, feuilles vertes ou mortes, glands, etc.

Forêts. Voitures, chevaux.

Aux termes de l'art. 147, ceux dont les voitures, bestiaux, animaux de charge ou de monture, seront trouvés dans les forêts, hors des routes et chemins ordinaires, seront condamnés,

Amendes.

savoir : — Par chaque voiture à une amende de 10 fr., pour les bois de dix ans et au-dessus ; et de 20 fr., pour les bois au-dessous de cet âge. — Par chaque tête ou espèce de bestiaux non attelés, aux amendes fixées pour délit de pâturage par l'art. 199 ; le tout sans préjudice de dommages-intérêts.

Art. 199. — Les propriétaires d'animaux trouvés de jour en délit dans les bois de dix ans et au-dessus, seront condamnés à une amende de 1 fr. pour un porc, 2 fr. pour une bête à laine, 3 fr. pour un cheval ou autre bête de somme, 4 fr. pour une chèvre, 5 fr. pour un bœuf, une vache ou un veau.

Bois de dix ans et au-dessus.

L'amende sera double si les bois ont moins de dix ans.

Amende double.

Code rural.

Loi des 28 septembre et 6 octobre 1791.

ARTICLES NON ENCORE ABROGÉS.

Art. 12. — Les dégâts que les bestiaux de toute espèce laissés à l'abandon feront sur la propriété d'autrui, soit dans l'enceinte des habitations, soit dans un enclos rural, soit dans les champs ouverts, seront payés par les personnes qui ont la jouissance des bestiaux. Si elles sont insolvables, ces dégâts seront payés par celles qui en ont la propriété.

Bestiaux. Dégâts.

Le propriétaire qui éprouve les dommages aura le droit de saisir les bestiaux, sous l'obligation de les faire conduire, dans les 24 heures, au lieu du dépôt, qui sera désigné à cet effet par la municipalité.

Saisie. Fourrière.

Il sera satisfait aux dégâts par la vente des bestiaux, s'ils ne sont pas réclamés, ou si le dommage n'a point été payé dans la huitaine du jour du délit.

Vente des bestiaux saisis.

Volailles. Si ce sont des volailles, de quelque espèce que ce soit, qui causent le dommage, le propriétaire, le détenteur ou le fermier qui l'éprouvera pourra les tuer, mais seulement sur les lieux et au moment du dégât.

Sont compris sous le nom de volailles les poules, les oies, les canes, les dindons, mais non les pigeons. — Pigeons. D'après l'art. 2 de la loi du 4 août 1789, les pigeons doivent être renfermés aux époques fixées par les communes. Sinon, pendant ce temps, ils sont regardés comme gibier, et chacun a droit de les tuer sur son terrain.

Réparation du dommage. L'autorisation de tuer les volailles et les pigeons, accordée par la loi dans les cas spécifiés, ne détruit pas l'action en réparation du dommage causé par ces animaux.

Applicable aux champs seulement. Mais le droit de tuer les volailles n'est applicable qu'aux propriétés rurales seulement. (Cour de cass. 1855.)

A qui appartiennent les volailles tuées ? Ici se présente une question. A qui appartiennent les volailles ainsi tuées ?

A leur propriétaire, bien entendu. Mais si ce dernier en s'emparant des volailles causait au champ de nouveaux dégâts, il en serait évidemment responsable.

Substances empoisonnées. Jugé que le droit de tuer accordé au propriétaire ou fermier du champ, ne l'autorise pas à répandre des substances empoisonnées pour faire périr les volailles.

Délit rural. Jugé encore que la faculté accordée au propriétaire des terres endommagées par des vorailles laissées à l'abandon, de les tuer sur les lieux au moment du dégât, ne fait pas disparaître le caractère délictueux du fait de l'abandon des volailles.

Ce qui veut dire que le propriétaire des volailles tuées peut être poursuivi devant le tribunal de simple police et se voir condamner à une amende de la valeur de trois journées de travail, ou à un emprisonnement de trois jours au plus, en vertu de l'art. 2 de la loi du 23 thermidor an IV.

Art. 15. — Personne ne peut inonder l'héritage de son voisin, ni lui transmettre volontairement les eaux d'une manière nuisible, sous peine de payer le dommage et une amende qui ne pourra excéder la somme du dédommagement. Inondation du voisin.

Art. 18. — Dans les lieux qui ne sont sujets ni au parcours ni à la vaine pâture, il sera payé une amende de la valeur d'une journée de travail, par le propriétaire de toute chèvre qui sera trouvée sur l'héritage d'autrui. Chèvres.

L'amende sera double si la chèvre a causé du dommage aux arbres fruitiers ou autres, aux haies, vignes et jardins.

Art. 41. — Tout voyageur qui déclora un champ pour se faire un passage dans sa route, paiera le dommage fait au propriétaire, et de plus une amende de la valeur de trois journées de travail, à moins que le juge de paix du canton ne décide que le chemin était impraticable ; et alors les dommages et frais de clôture seront à la charge de la commune. Chemin impraticable. Commune responsable.

Cour de cassation.

La Cour de cassation a jugé plusieurs fois, notamment le 10 janvier 1848 et le 20 juin 1857 :

Que le droit de déclore un terrain pour se frayer un passage quand le chemin est impraticable appartient à tout voyageur ; — que ce mot voyageur doit s'entendre dans le sens le plus large et s'appliquer même aux habitants de la commune qui se transportent d'un point à un autre.

Routes. — Chemins vicinaux.

Défenses.

Il est défendu d'une manière absolue :

1° De laisser stationner sans nécessité, sur les routes, chemins vicinaux et leurs dépendances, aucune voiture, machine ou instrument aratoire, ni aucun troupeau, bête de somme ou de trait.

2° De mutiler les arbres qui y sont plantés, de dégrader les bornes, poteaux et tableaux indicateurs, parapets des ponts et autres ouvrages.

3° De les dépaver.

4° D'enlever les pierres, les fers, bois et autres matériaux destinés aux travaux ou déjà mis en œuvre.

5° D'y jeter des pierres ou autres matières provenant des terrains voisins.

6° De les parcourir avec des instruments aratoires, sans avoir pris toutes les précautions nécessaires pour éviter toute dégradation.

7° De détériorer les berges, talus, fossés, ou les marques indicatives de leur largeur.

8° De labourer ou cultiver leur sol.

9° D'y faire ou d'y laisser paître aucune espèce d'animaux.

10° De mettre à rouir le chanvre dans les fossés.

11° D'y faire aucune anticipation ou usurpation, ou aucun ouvrage qui puisse apporter un empêchement au libre écoulement des eaux.

12° D'établir aucune excavation ou construction sous la voie publique ou ses dépendances.

13° De pratiquer, dans le voisinage des routes et chemins vicinaux, des excavations de quelque nature que ce soit, si ce n'est à des distances déterminées par des règlements.

Chasse.

Chasse.

L'exercice du droit de chasse est réglé par la loi des 3-4 mai 1844. Nous ne donnerons ici que quelques articles de cette loi.

Permis de chasse.

Art. 1er. — Nul ne pourra chasser, sauf les exceptions déterminées par la loi, si la chasse n'est pas ouverte, et s'il ne lui a pas été délivré un permis de chasse par l'autorité compétente.

Propriété d'autrui.

Nul n'aura la faculté de chasser sur la propriété d'autrui sans le consentement du propriétaire ou de ses ayant-droit.

Amendes.

Art. 11. — Seront punis d'une amende de 16 à 100 fr., — ceux qui auront chassé sans permis de chasse ; — ceux qui auront chassé sur le terrain d'autrui sans la permission du propriétaire. — L'amende pourra être double, si le délit a été commis sur des terres non dépouillées de leurs fruits, ou s'il a été commis sur un terrain entouré d'une clôture continue, faisant obstacle à toute communication avec les héritages voisins, mais non attenant à une habitation.

Passage des chiens à la suite d'un gibier.

Pourra ne pas être considéré comme délit de chasse, le fait du passage des chiens courants sur l'héritage d'autrui, lorsque ces chiens seront à la suite du gibier lancé sur la propriété de leurs maîtres, sauf l'action civile, s'il y a lieu, en cas de dommage.

Arrêtés des préfets.

3° Ceux qui auront contrevenu aux arrêtés des préfets, concernant les oiseaux de passage, le gibier d'eau, la chasse en temps de neige, l'emploi des chiens lévriers, ou aux arrêtés concernant la destruction des oiseaux, et celle des animaux nuisibles ou malfaisants.

Œufs de faisans, perdrix. Destruction.

4° Ceux qui auront pris ou détruit sur le terrain d'autrui des œufs ou couvées de faisans, de perdrix ou de cailles.

Temps prohibé, chasse de nuit, etc.

Art. 12. — Seront punis d'une amende de 50 à 200 fr., et pourront l'être d'un emprisonnement de six jours à deux mois : — 1° ceux qui auront chassé en temps prohibé ; — 2° ceux qui auront chassé pendant la nuit, ou à l'aide d'engins et instruments prohibés, ou par d'autres moyens que ceux autorisés ; — 3° ceux qui seront détenteurs, ou ceux qui seront trouvés munis ou porteurs, hors de leur domicile, de filets, engins ou autres instruments de chasse prohibés ; — 4° ceux qui, en temps où la chasse est prohibée, auront mis en vente, vendu, acheté, transporté ou colporté du gibier ; — 5° ceux qui auront employé des drogues ou appâts pour enivrer le gibier ; — 6° ceux qui auront chassé avec appeaux, appelants ou chanterelles.

Appeaux.

Les peines déterminées par le présent article pourront être portées au double contre ceux qui auront chassé pendant la nuit, sur le terrain d'autrui.

Amende double.

Art. 21. — Les délits prévus par la présente loi seront prouvés, soit par procès-verbaux ou rapports, soit par témoins, à défaut de rapport et procès-verbaux, ou à leur appui.

Délits. Preuves.

Art. 24. — Les procès-verbaux des gardes seront, à peine de nullité, affirmés dans les vingt-quatre heures du délit, devant le juge de paix ou l'un de ses suppléants, ou devant le maire ou l'adjoint, soit de la commune de leur résidence, soit de celle où le délit aura été commis.

Procès-verbaux. Affirmation

Ils devront être enregistrés dans les quatre jours.

Enregistrement.

Art. 29. — Toute action relative aux délits prévus par la présente loi sera prescrite par le laps de trois mois, à compter du jour du délit.

Prescription. 3 mois.

L'article 1er dit que nul ne pourra chasser, si la chasse n'est pas ouverte et s'il n'a pas obtenu un permis de chasse. Maintenant qu'est-ce que la loi regarde comme fait de chasse ? — Une foule de choses. Les faits de chasse s'étendent à l'infini.

Ce qu'on entend par délit de chasse.

Sont considérés comme faits de chasse :

Le fait de prendre des oiseaux avec des gluaux, à ce que l'on nomme la brète, la pipée, la buvette ; — le fait de tuer des moineaux, des hi-

Oiseaux. Gluaux, etc.

rondelles, des merles, des pies, des grives, des corneilles, etc., avec un fusil ; — celui de tuer un lièvre ou un lapin avec une pierre ou un bâton, etc., etc., etc.

Lanternes, filets. Buissons, paillers.

Commettent également un délit de chasse, et de chasse de nuit encore, donnant lieu à une amende de 50 à 200 fr., ceux qui la nuit, avec une lanterne et des filets, vont autour des buissons et le long des paillers, pour prendre des moineaux, des merles et autres oiseaux.

Pêche.

Loi du 15 avril 1829.

Droit de pêche.

Art. 1er — Le droit de pêche sera exercé au profit de l'État, dans tous les fleuves, rivières, canaux, etc., etc.

Rivières non navigables

Art. 2. — Dans toutes les rivières et canaux non navigables ni flottables, les propriétaires riverains auront, chacun de son côté, le droit de pêche jusqu'au milieu du cours d'eau, sans préjudice des droits contraires établis par possession ou titres.

Délits. Preuves.

Art. 52. — Les délits de pêche seront prouvés soit par procès-verbaux, soit par témoins à défaut de procès-verbaux, ou en cas d'insuffisance de ces actes.

Prescription.

Art. 62. — Les actions en réparation de délit en matière de pêche, se prescrivent par un mois à compter du jour où les délits ont été constatés, lorsque les prévenus sont désignés dans les procès-verbaux.

Dans le cas contraire, le délai de prescription est de trois mois à compter du même jour.

Un décret du 25 janvier 1868 règle l'exercice de la pêche. En voici les principaux articles :

Décret du 25 janvier 1868.

Art. 1er. — Du 20 octobre au 31 janvier est interdite la pêche du saumon, de la truite, de l'ombre chevalier.

Interdiction de la pêche.

Du 15 avril au 15 juin est interdite la pêche de tous les autres poissons et de l'écrevisse.

Art. 6. — La pêche n'est permise que depuis le lever jusqu'au coucher du soleil.

Lever et coucher du soleil.

Toutefois, la pêche de l'anguille et de l'écrevisse pourra être autorisée après le coucher et avant le lever du soleil, aux heures fixées par arrêté préfectoral.

Anguille, écrevisse.

Art. 9. — Les mailles des filets, mesurées de chaque côté après leur séjour dans l'eau, et l'espacement des verges des bires, nasses et autres engins employés à la pêche des poissons, auront les dimensions suivantes :

Mailles des filets.

Pour les saumons, quarante millimètres au moins ;

Pour les grandes espèces autres que le saumon et l'écrevisse, vingt-sept millimètres au moins ;

Pour les petites espèces, telles que goujons, loches, vérons, ablettes et autres, dix millimètres.

La mesure des mailles sera prise avec une tolérance d'un dixième.

Art. 12. — Sont prohibés tous les filets traînants, à l'exception du petit épervier jeté

Filets prohibés.

à la main et manœuvré par un seul homme.

Est également prohibé l'emploi des lacets et collets.

Arrêtés préfectoraux. Chaque année les préfets prennent des arrêtés concernant la pêche. Un arrêté de M. le préfet de Maine-et-Loire en date du 12 mars 1872, permet la pêche à l'anguille, mais le jeudi seulement de chaque semaine, du 15 avril au 15 juin.

Lois et règlements. Les lois, règlements et instructions sur la pêche sont assez étendus. Les personnes qui désireront les connaître dans toutes leurs parties pourront s'adresser aux gardes-pêche, qui se feront sans doute un plaisir de les leur communiquer.

Gardes particuliers. Formalités pour être nommé.

Formalités nécessaires pour faire nommer un garde particulier.

Pour devenir garde, il faut :

Être âgé de 25 ans.

Avoir un certificat de moralité ;

Un extrait du casier judiciaire ;

Une commission sur timbre, donnée par le propriétaire, approuvée par le sous-préfet et enregistrée.

Le garde prête serment devant le tribunal, s'il y a des bois à garder (Code forestier, art. 117) ; — ou des cours d'eau (Code de la pêche, art. 37).

Devant le juge de paix, s'il n'y a ni eaux, ni bois

Police du roulage.

Règlement du 10 août 1852, rendu pour l'exécution de la loi du 30 mai 1851.

Nous ne rappellerons ici que les articles les plus usuels.

Art. 9. — Tout roulier ou conducteur de voiture doit se ranger à sa droite à l'approche de toute voiture, de manière à laisser libre au moins la moitié de la chaussée.

Stationnement.

Art. 10. — Il est interdit de laisser stationner sans nécessité, sur la voie publique, aucune voiture attelée ou non attelée.

Convois.

Art. 13. — Lorsque plusieurs voitures marchent à la suite les unes des autres, elles doivent être distribuées en convois de quatre voitures au plus si elles sont à quatre roues et attelées d'un seul cheval ; — de trois voitures au plus si elles sont à deux roues et attelées d'un seul cheval ; — et de deux voitures au plus si l'une d'elles est attelée de plus d'un cheval.

Intervalle.

L'intervalle d'un convoi à l'autre ne peut être moindre de 50 mètres.

Être à portée de ses chevaux.

Art. 14. — Tout voiturier doit se tenir constamment à portée de ses chevaux ou bêtes de trait et en position de les guider.

Il est interdit de faire conduire par un seul conducteur plus de quatre voitures à un cheval, si elles sont à quatre roues, et plus de trois voitures à un cheval, si elles sont à deux roues.

Chaque voiture attelée de plus d'un cheval doit avoir un conducteur. — Toutefois une voiture dont le cheval est attaché derrière une voiture attelée de quatre chevaux au plus, n'a pas besoin d'un conducteur particulier.

Eclairage. Art. 15. — Aucune voiture marchant isolément ou en tête d'un convoi, ne pourra circuler pendant la nuit sans être pourvue d'un falot ou d'une lanterne allumée.

Plaque. Art. 16. — Tout propriétaire de voiture ne servant pas au transport des personnes est tenu de faire placer, en avant des roues, et au côté gauche de sa voiture, une plaque métallique portant, en caractères apparents et lisibles ayant au moins cinq millimètres de hauteur, ses noms, prénoms, profession, le nom de la commune, du canton et du département de son domicile.

Il est bon, pour éviter toute difficulté, de faire mettre une plaque aux voitures et carrioles qui servent quelquefois à transporter des veaux, des porcs ou des moutons.

Arrêté préfectoral du 6 mai 1853.

Voitures d'agriculture. Art. 1er. — Sont dispensées de l'éclairage, les voitures employées à la culture des terres, au transport des récoltes, à l'exploitation des fermes, quand elles se rendent de la ferme aux champs ou des champs à la ferme.

Mais non ailleurs. Mais non quand elles vont ailleurs, aux foires ou marchés par exemple.

Arrêté du 31 mars 1858.

Voitures particulières. Art. . — Aucune voiture particulière servant au transport des personnes, suspendue ou non suspendue, ne pourra circuler sans être pourvue de lanternes allumées, savoir : du 1er avril au 30 septembre, à partir d'une heure après le coucher du soleil, jusqu'à une heure avant son lever ; et du 1er octobre au 31 mars, à partir d'une demi-heure après le coucher du soleil, jusqu'à une demi-heure avant son lever.

Ces lanternes, de vitres bien transparentes, seront placées extérieurement, et autant que possible sur le devant des voitures.

Lorsque les voitures n'auront qu'une lanterne, elle sera placée à droite.

Arrêté du 25 octobre 1853.

Art. 1er. — Il est défendu aux conducteurs de voitures de toute espèce, suspendues ou non suspendues, circulant sur les routes impériales, stratégiques ou autres, de lutter de vitesse entre eux et de laisser galoper leurs chevaux. Défense de lutter de vitesse.

Art. 2. — Ils ne devront pas faire claquer leurs fouets à l'approche ou à la rencontre d'une autre voiture ou d'un cavalier. De faire claquer les fouets.

Art. 3. — Toute voiture, de quelque espèce que ce soit, devra être conduite au pas dans les rues étroites où deux voitures ne peuvent marcher de front, au détour des rues, et sur tous les points de la voie publique où il existera, soit une pente rapide, soit des obstacles à la circulation. Rues étroites. Détour des rues.

Art. 5. — La circulation des voitures attelées de chiens est interdite. Chiens attelés.

Art. 7. — Il est interdit d'étendre du linge sur Linge sur les haies.

les haies, murs, barrières et arbres qui se trouvent le long des routes.

Battage, vannage. Art. 8. — Il est également interdit de se livrer au battage ou au vannage des grains, à l'abattage des porcs et autres animaux sur la voie publique ; ainsi qu'à tout travail de nature à effrayer les chevaux.

Conducteurs de bestiaux. Art. 9. — Les conducteurs de bestiaux devront, à la rencontre de toute voiture, soit qu'elle vienne à eux, soit qu'elle ait à les dépasser, faire ranger leurs bestiaux, de manière à laisser libre la moitié de la route.

Fouets. Ils devront s'abstenir aussi de faire claquer bruyamment leurs fouets à la rencontre des voitures ou cavaliers, comme en passant dans les rues.

Servitudes qui dérivent de la situation des lieux.

CODE CIVIL.

Ecoulement des eaux. Art. 640. — Les fonds inférieurs sont assujettis envers les fonds supérieurs à recevoir les eaux qui en découlent naturellement, sans que la main de l'homme y ait contribué.

Le propriétaire inférieur ne peut élever de digue pour empêcher cet écoulement.

Le propriétaire du fonds supérieur ne peut rien faire qui aggrave la servitude du fonds inférieur.

Source. Art. 641. — Celui qui a une source dans son fonds peut en user à sa volonté, sauf le droit que le propriétaire du fonds inférieur pourrait avoir acquis par titre ou par prescription.

Prescription. Art. 642. — La prescription, dans ce cas, ne

peut s'acquérir que par une jouissance non interrompue pendant l'espace de trente années, à compter du moment où le propriétaire du fonds inférieur a fait ou terminé des ouvrages apparents destinés à faciliter la chute et l'écoulement de l'eau dans sa propriété.

Source servant aux habitants d'une commune.

Art. 643. — Le propriétaire de la source ne peut en changer le cours, lorsqu'il fournit aux habitants d'une commune, d'un village ou d'un hameau l'eau qui leur est nécessaire. — Mais si les habitants n'en ont pas acquis ou prescrit l'usage, le propriétaire peut réclamer une indemnité, laquelle est réglée par experts.

Propriété qui borde une eau courante.

Art. 644. — Celui dont la propriété borde une eau courante, autre que celle qui est déclarée dépendant du domaine public, peut s'en servir à son passage pour l'irrigation de ses propriétés.

Celui dont cette eau traverse l'héritage peut même en user dans l'intervalle qu'elle y parcourt, mais à la charge de la rendre, à la sortie de ses fonds, à son cours ordinaire.

Propriétés contiguës. Bornage.

Art. 646. — Tout propriétaire peut obliger son voisin au bornage de leurs propriétés contiguës. Le bornage est à frais communs.

Clôture

Art. 647. — Tout propriétaire peut clore son héritage, sauf l'exception portée en l'art. 682 ; c'est-à-dire lorsqu'il y a enclave.

Ici deux questions délicates :

Rivières non navigables ni flottables. Eaux et lit.

1° A qui appartiennent les eaux des rivières non navigables ni flottables ?

2° A qui appartient le lit de ces rivières ?

Les auteurs ne sont pas d'accord.

Les uns prétendent que les eaux et le lit de ces rivières sont la propriété des riverains. D'autres soutiennent qu'ils font partie de ces choses qui n'appartiennent à personne et dont l'usage est commun à tous.

Jurisprudence.

Cependant la jurisprudence semble fixée aujourd'hui sur ce point. La Cour de cassation a décidé plusieurs fois que le lit et les eaux des rivières non navigables ni flottables sont *res nullius*, des choses qui n'appartiennent à personne et dont l'usage est commun à tous.

Il n'en est pas de même, bien entendu, des eaux et lit des simples ruisseaux. Nul doute à cet égard. Les riverains en ont la propriété.

Eaux pluviales.

Les eaux pluviales n'ont point de maître. Elles appartiennent au premier occupant.

Le propriétaire du fonds sur lequel elles tombent s'en empare et peut en disposer à son gré, sans être tenu de les transmettre ; — et pourvu qu'il ne cause de dommage à personne, il peut en détourner le cours, les vendre ou garder pour lui-même, en faire en un mot ce que bon lui semble.

Fossés.

Art. 666. — Tous fossés entre deux héritages sont présumés mitoyens, s'il n'y a titre ou marque du contraire.

Marque de non mitoyenneté.

Art. 667. — Il y a marque de non mitoyenneté lorsque la levée ou rejet de la terre se trouve d'un côté du fossé seulement.

Rejet.

Art. 668. — Le fossé est censé appartenir exclusivement à celui du côté duquel le rejet se trouve.

Art. 669. — Le fossé mitoyen doit être entretenu à frais communs. Fossé mitoyen.

Art. 670. — Toute haie qui sépare des héritages est réputée mitoyenne, à moins qu'il n'y ait qu'un seul des héritages en état de clôture, ou s'il n'y a titre ou possession suffisante ou contraire. Haie.

Art. 671. — Il n'est permis de planter des arbres de haute tige qu'à la distance prescrite par les réglements particuliers actuellement existants, ou par les usages constants et reconnus ; — et, à défaut de réglements et usages, qu'à la distance de deux mètres de la ligne séparative des deux héritages pour les arbres à haute tige, et à la distance d'un demi-mètre pour les autres arbres et haies vives. Arbres. 2 mètres. 50 centim.

Art. 672. — Le voisin peut exiger que les arbres plantés à une moindre distance soient arrachés. Arbres. Droit du voisin.

Celui sur la propriété duquel avancent les branches des arbres du voisin, peut contraindre celui-ci à couper ces branches. Branches.

Si ce sont des racines qui avancent sur son héritage, il a droit de les couper lui-même. Racines.

Art. 673. — Les arbres qui se trouvent dans la haie mitoyenne sont mitoyens comme la haie. Chacun des deux propriétaires a droit de requérir qu'ils soient abattus. Arbres mitoyens.

Drainage.

Tout propriétaire qui veut assainir son fonds par le drainage ou autre mode d'assèchement peut, moyennant une juste et préalable indemnité, en conduire les eaux souterrainement ou à ciel ouvert à travers les propriétés qui séparent ce fonds d'un cours d'eau ou de toute autre voie d'écoulement. (Loi du 10 juin 1854, art. 1er.)

A tous les fonds. Ces dispositions s'appliquent à tous les fonds, quelle qu'en soit la nature, sans distinction entre ceux qui sont affectés à une exploitation rurale et ceux qui sont exploités pour l'extraction de produits minéraux. (Cass. 14 décembre 1859.)

Indemnité. L'indemnité dont il est parlé ci-dessus doit être acquittée avant la prise de possession du sol ou l'établissement de la servitude. (Même arrêt.)

Exceptions. Sont exceptés de la servitude de drainage les maisons, cours, jardins, parcs et enclos attenant aux habitations.

Irrigations.

Tout propriétaire qui veut se servir, pour l'irrigation de ses propriétés, des eaux naturelles ou artificielles dont il a le droit de disposer, peut obtenir le passage de ces eaux sur les fonds intermédiaires, à la charge d'une juste et préalable indemnité.

Exceptions. Sont exceptés de cette servitude les maisons, cours, jardins, parcs et enclos attenant aux habitations. (Loi du 29 avril 1845, art. 1er.)

Fonds inférieurs. Les propriétaires des fonds inférieurs sont tenus de recevoir les eaux qui s'écouleront des terrains ainsi arrosés, sauf l'indemnité qui peut leur être due. (Même loi, art. 2.)

Terrain submergé

La même faculté de passage sur les fonds intermédiaires peut être accordée aux propriétaires d'un terrain submergé en tout ou partie, à l'effet de procurer aux eaux nuisibles leur écoulement. (Ibid. art. 3.)

Appui sur le fonds opposé

Le propriétaire qui veut se servir, pour l'irrigation de ses propriétés, des eaux naturelles ou artificielles dont il a le droit de disposer, peut aussi obtenir la faculté d'appuyer sur la propriété du riverain opposé les ouvrages d'art nécessaires à sa prise d'eau, à la charge d'une juste et préalable indemnité.

Le riverain sur le fonds duquel l'appui est réclamé peut toujours demander l'usage commun du barrage, en contribuant pour moitié aux frais d'établissement et d'entretien.

Epaves.

Objets, animaux perdus

On comprend sous le nom d'épaves les objets perdus ou égarés, comme argent, bijoux, marchandises, animaux, etc., soit sur la terre, soit sur les eaux des fleuves et de la mer.

Dépôt obligatoire

Celui qui trouve une épave ne peut se l'approprier. Il doit la déposer au greffe du tribunal ou à la mairie, quand l'objet trouvé est une chose inanimée; dans une auberge, quand l'épave est un animal vivant.

Un an et un jour.

Au bout d'un an et un jour, l'épave appartient à celui qui l'a trouvée, si personne ne la réclame.

Tribunaux

Les tribunaux de police correctionnelle punissent ceux qui, sans faire aucune recherche du propriétaire ni aucune déclaration à l'autorité, gardent frauduleusement l'objet trouvé.

Fourrière. Vente.

L'animal égaré et mis en fourrière dans une auberge est vendu, après un délai de huit jours, par le receveur de l'enregistrement, qui en dépose le prix dans sa caisse.

Abeilles.

Abeilles. Immeubles par destination

Les ruches à miel sont immeubles par destination, lorsqu'elles ont été placées par le propriétaire pour l'exploitation du fonds. (Art. 524 du Code civil.)

Meubles.

Mais sont généralement meubles, les essaims mis et entretenus sur le fonds par le fermier ou le colon partiaire. — L'usage leur en accorde la propriété sans partage.

Abeilles trouvées sur les arbres.

Les abeilles trouvées dans les bois, celles qui sont attachées à des arbres, buissons ou haies dans les champs, sans avoir été recueillies par personne, sont des choses qui appartiennent au premier occupant.

Essaim recueilli.

Lorsqu'un essaim a été recueilli et placé dans une ruche, il est la propriété de celui qui l'a légitimement en sa possession ; et s'il s'envole, celui-ci a le droit de le rechercher et de le ressaisir tant qu'il n'a pas cessé de le suivre.

Essaim perdu de vue.

Mais si l'essaim, après avoir été perdu de vue, tombe au pouvoir de quelqu'un ou va se fixer chez un voisin, ce dernier n'est pas tenu de le restituer.

Responsabilité du propriétaire d'abeilles.

Chaque propriétaire a sans doute le droit d'avoir des abeilles sur son terrain en aussi grande quantité qu'il lui plaît. Mais aussi tout propriétaire est responsable des dommages et accidents que causent ses abeilles, de l'incommodité qui peut résulter de leur voisinage ; — et l'autorité a le droit de prendre des arrêtés contre les abeilles, de même que contre tous les autres animaux malfaisants.

Droit de l'administration.

Lapins. — Sangliers.

Dommages aux champs

Les lapins sont considérés comme des animaux nuisibles. Les propriétaires des bois où ils vivent sont responsables des dégâts causés aux champs voisins. Mais cependant cette responsabilité n'est pas absolue. Le propriétaire des bois ne peut être rendu responsable que lorsqu'il y a faute ou négligence de sa part.

Jurisprudence.

Ainsi les tribunaux ont rendu un grand nombre de jugements desquels il résulte que le propriétaire de bois qui a favorisé la multiplication des lapins, ou qui n'a pas eu soin d'employer tous les moyens en usage pour leur destruction, est responsable des dommages causés aux propriétés voisines.

Sangliers, cerfs, chevreuils

La même règle s'applique aux sangliers, cerfs et chevreuils ; — mais non point aux lièvres.

Oiseaux.

Nous terminerons par quelques lignes sur les oiseaux.

Croyance générale

On croit généralement dans les campagnes que les oiseaux de toute espèce sont des êtres inutiles, quelquefois très-nuisibles, qui causent aux champs et aux jardins, chaque année, les plus grands dommages.

On tuerait volontiers sans miséricorde les pies, les merles, les grives, les mésanges, les geais, les pics-verts, les corneilles, et surtout les moineaux qui, dit-on, pillent et dévastent tout avec une audace sans égale.

Grave erreur.

Cette croyance est une grave erreur.

Les oiseaux, ces chanteurs agréables, qui pendant tout l'été charment nos oreilles et nos yeux, ne sont point des malfaiteurs rapaces, les ennemis acharnés du laboureur et du jardinier. Ce sont au contraire des amis dévoués, des serviteurs pleins d'intelligence et de zèle, que la Providence nous donne par milliers, pour veiller sur nos semences, protéger nos arbres et nos blés.

Les oiseaux mangent les larves et insectes.

Les oiseaux sont des mangeurs de larves et d'insectes. Ils en détruisent, pour leur nourriture, des quantités innombrables qui, sans eux, dévoreraient en quelques jours les récoltes et les fruits.

On sait ce que font les chenilles quelquefois. Elles feraient bien pire encore, si les oiseaux n'étaient là pour les manger et les combattre.

Les oiseaux peuvent bien faire quelque tort, détruire quelques germes et quelques boutons ; mais que de vers ils absorbent !

Que de services ils rendent aux campagnes !

La mésange.

On a calculé que la mésange, bien petite pourtant, consomme plus de deux cent mille œufs d'insectes ou insectes par année.

Les choucas, les corneilles connues sous le

nom de *freux*, mangent les hannetons, les loches et une foule d'autres vers.

Buses, oiseaux de nuit.

Les buses, les oiseaux de nuit, le hibou, la chouette, l'orfraie, la fresaie, mangent les souris, le mulot qui, dans les hivers peu rigoureux surtout, se multiplient avec une facilité prodigieuse.

Moineaux

Le moineau mange les limaces, les chenilles, etc.

Pies, bergeronnettes

Tous ceux qui habitent la campagne ont vu souvent les pies, les bergeronnettes si élégantes et si vives, accourir jusque sous les pieds des bœufs et saisir avec avidité les vers que la charrue fait sortir du sol.

C'est donc avec raison que l'autorité administrative prend aujourd'hui la défense des hôtes aimables de nos champs, véritables amis et protecteurs de l'agriculture.

Arrêtés des préfets.

Chaque année les préfets, par de sages arrêtés, défendent de prendre, détruire ou mettre en vente les nids et les œufs d'oiseaux.

Nous engageons vivement les fermiers à seconder les efforts de l'administration, et à ne plus souffrir sur leurs terres la destruction des nids.

Ce sera un plaisir de moins pour les enfants, peut-être, enragés fureteurs de buissons ; mais un bénéfice tout clair pour les grandes personnes.

Crapaud, hérisson, couleuvre

Il est également reconnu aujourd'hui que les crapauds, le hérisson, la couleuvre, les fourmis même et autres animaux ont leur utilité dans les champs. Une juste protection leur est due comme à tous les oiseaux.

TROISIÈME PARTIE.

NOTES ÉLÉMENTAIRES

SUR L'AGRICULTURE

ET

CONSEILS AUX HABITANTS

DE NOS CAMPAGNES.

NOTES ÉLÉMENTAIRES

SUR L'AGRICULTURE.

CHAPITRE Iᵉʳ

TERRE ARABLE ET SOUS-SOL. — ÉLÉMENTS CONSTITUTIFS DU SOL. — ESPÈCES DE TERRES.

Sol. Terre arable.

On nomme, en agriculture, sol, terre arable ou terre labourable, la première couche de terre sur laquelle nous marchons, et qui peut être atteinte et retournée par le soc de la charrue.

La profondeur varie.

La profondeur de la terre arable varie à l'infini. Elle est quelquefois de dix à quinze centimètres à peine, quelquefois d'un mètre et plus.

Sous-sol.

Au-dessous du sol ou terre arable s'étend le sous-sol ; perméable quand il se compose d'une couche terreuse ou caillouteuse, que les pluies traversent sans trop de difficultés ; imperméable quand il est formé d'une argile composite ou d'une couche rocheuse.

Argile Silice. Calcaire.

Trois éléments d'une nature différente concourent à la formation de la terre arable : 1° l'argile ; 2° la silice ; 3° le calcaire.

Argile.

L'argile ou glaise est une terre grasse, onctueuse, douce au toucher, retenant l'eau et se fendillant au soleil. Les maçons s'en servent, dans la campagne, pour dresser le sol des maisons et faire la terrasse des greniers.

Silice. La silice forme en grande partie le sable, les graviers, les cailloux et toutes les pierres qui font feu sous le pied des chevaux ou le frottement du briquet.

Calcaire. Le calcaire ou carbonate de chaux est une matière généralement pierreuse, quelquefois terreuse, que l'on tire des carrières et qui, soumise à l'action du feu, devient cette chaux employée pour bâtir ou améliorer les terres, que tout le monde connaît.

Ces trois éléments séparés sont improductifs, mais réunis ensemble et dans des proportions convenables, ils forment de très-bons terrains.

Terre argileuse; siliceuse; calcaire. On nomme terre argileuse celle où domine l'argile ; — terre siliceuse celle où domine la silice ; — terre calcaire celle où domine le calcaire.

Terre forte; légère; de moyenne consistance. On nomme encore terres fortes celles qui sont argileuses et compactes ; — terres légères celles qui sont principalement siliceuses, comme les terres de bruyère et de lande, les terres sableuses, par exemple ; — terres de moyenne consistance celles qui renferment à la fois de l'argile, de la silice et du calcaire.

CHAPITRE II.

AMENDEMENTS.

Amender et fumer. Amender et fumer sont deux choses entièrement différentes.

On amende une terre en y mélangeant des substances qui la rendent moins compacte, ou plus consistante, suivant sa nature et sa composition.

Ainsi l'on améliore un sol argileux en y jetant du sable, un sol sablonneux en y apportant de l'argile. Mais ce sont des opérations coûteuses et peu pratiquées.

Comment on fume ou fertilise.

On fume ou l'on fertilise une terre en y mélangeant des engrais ou matières fertilisantes.

Amendements ou engrais minéraux.

Les amendements les plus estimés, que l'on appelle aussi engrais minéraux, sont : 1° la chaux ; 2° la marne ; 3° le phosphate de chaux ; 4° le plâtre ; 5° les cendres, la suie ; 6° les plâtras, la boue des routes.

LA CHAUX.

La chaux est le meilleur des amendements.

La chaux est le meilleur, le plus énergique, le plus employé de tous les amendements ou engrais minéraux. Autrefois on ne l'employait, peut-être avec raison, que dans les terres fortes et argileuses. Aujourd'hui on la met indistinctement dans toutes les terres.

Elle ameublit le sol et fournit du calcaire.

La chaux ameublit le sol et fournit du calcaire aux terrains qui en manquent ; elle contribue à la décomposition des matières animales et végétales ; elle hâte la conversion des fumiers en terreaux et neutralise l'acidité des terres de landes et de bruyères.

Elle favorise la végétation des trèfles, luzernes.

La chaux, excellente pour les céréales et toutes les cultures, favorise surtout d'une façon toute particulière la végétation des trèfles, luzernes et sainfoins. On assure qu'elle rend le blé plus beau, la farine plus blanche, la paille plus nutritive et plus goûtée des animaux.

C'est à l'emploi de la chaux que nous devons les immenses progrès faits par l'agriculture dans l'arrondissement de Segré, depuis 35 à 40 ans.

Elle a tranformé nos terres.

La chaux a, pour ainsi dire, transformé nos terres.

Le mal à côté.

Mais à côté du bien il y a aussi le mal, qu'il est important de signaler. La chaux ressemble aux meilleures choses, il ne faut point en abuser. Et pourtant que d'agriculteurs peu sages en abusent !

On peut lui appliquer justement un proverbe connu en le variant un peu et dire d'elle :

S'il faut de la chaux
Pas trop n'en faut.

Opinion de M. Jamet.

Déjà, en 1846, un écrivain agricole distingué, un agronome bien connu dans notre pays, M. Emile Jamet, de Château-Gontier, publiait un ouvrage remarquable sur l'agriculture et s'élevait avec force contre l'abus de la chaux.

Combien l'ont écouté ? Combien ont profité de ses sages conseils, de ses excellentes leçons ? Bien peu, sans doute, oh ! bien peu. La chaux est si bonne, répète-t-on de tous côtés ; elle donne de si brillants résultats ; elle est à notre porte, elle coûte moins cher que les engrais du commerce, elle défie la fraude ; employons la chaux, employons la chaux. Et la foule aveugle, imprudente, se précipite vers les fours à chaux.

Revenons à des idées plus saines, à une pratique plus rationnelle. Tout en reconnaissant les qualités précieuses du calcaire, sachons ouvrir les yeux, et ne fermons pas les oreilles aux couseils de la prudence.

Revenons à des idées plus saines.

Usons de la chaux, usons-en même largement si l'on veut, mais n'en abusons pas.

Usons de la chaux sans en abuser.

LA MARNE.

La marne est un mélange de calcaire, de sable et d'argile complétement inconnu dans notre pays.

La marne.

LE PLATRE.

Le plâtre, nommé aussi sulfate de chaux, est très-employé, dans quelques contrées, pour la culture du trèfle, du sainfoin, de la luzerne et des vesces. On l'applique en couverture, c'est-à-dire quand les plantes sont déjà sorties de terre, le soir ou le matin par un temps calme, avant ou après une petite pluie, à la dose de 500 à 600 kilogrammes par hectare.

Le plâtre ou sulfate de chaux.

Quelques ouvrages d'agriculture rapportent que Franklin, un savant d'Amérique, voulant convaincre ses compatriotes de l'utilité du plâtre, en répandit sur un champ de trèfle, de manière à former cette phrase :

Ce que fit Franklin.

Ceci a été plâtré.

La végétation devint si brillante en cet endroit, que tout le monde put lire la phrase tracée en lettres de trèfle par l'illustre savant.

Le plâtre est peu cher.

Le plâtre est peu cher ; il coûte de 35 à 40 fr. les 1,000 kilogrammes. S'il ne réussit pas également partout, il est très-sûr du moins qu'il réussit parfaitement dans les terres qui lui conviennent. Certaines contrées et particulièrement celles du midi de la France, en font un très-grand usage.

Faire les essais.

Nous conseillons de l'essayer en petite quantité d'abord, en plus grande quantité ensuite, si l'essai tenté semble favorable, pour les trèfles, les sainfoins, les luzernes et les vesces.

LES CENDRES. — LA SUIE.

Les cendres, la suie.

Les cendres de bois, plus connues sous le nom de charrée, sont, après la chaux, un des amendements les plus recherchés. Elles conviennent à toutes les cultures et à toutes les terres, aux champs comme aux prés. Elles agissent puissamment sur les sols et ont une très-grande énergie, à raison des sels de potasse et de soude qu'elles renferment. On les préfère cependant pour les terres fortes et argileuses.

S'emploie seule ou mélangée.

La charrée s'emploie dans les champs tantôt seule, tantôt mélangée avec du fumier, à l'état de compost.

C'est employée de cette dernière façon qu'elle donne les plus beaux résultats.

La charrée.

Tous les auteurs semblent d'accord pour dire, — chose extrêmement importante, surtout dans les terres de bonne qualité, — que la charrée donne à la tige qui supporte l'épi plus de consistance et empêche la verse.

Répandue sur les prairies, vers la fin de l'automne ou au cours de l'hiver, à la dose de 20 à 30 hectolitres par hectare, elle produit des effets remarquables. Elle augmente la quantité du foin, améliore sa qualité, détruit le jonc, la mousse, la bruyère appelée vulgairement *haguin*, et fait que la terre se couvre bientôt d'une belle et épaisse couche de petit trèfle. Prairies.

On peut l'étendre immédiatement après la faulx, dans les prairies sujettes aux inondations. L'étendre après la faulx.

L'action de la charrée dure plusieurs années. Dure plusieurs années.

Ce qui prouve toute sa valeur et démontre qu'elle peut être employée avec succès dans presque tous les terrains, c'est que l'on en fait usage depuis longtemps sur les hautes montagnes de Westphalie et sous le climat brumeux de la Hollande. Montagnes de Westphalie. Hollande.

Dans ce dernier pays, certains agriculteurs mettent jusqu'à 100 et même 150 hectolitres de charrée par hectare. Son effet remarquable se fait sentir alors pendant plus de dix ans. 100 à 150 hectolitres. Durée.

Malheureusement la fraude vient altérer souvent les grandes qualités de la charrée. Le commerce ne lui conserve pas toujours toute la pureté désirable. On y mêle trop fréquemment des résidus de tuf, de la terre et d'autres matières complétement inertes. La fraude.

C'est au gouvernement à prendre les mesures convenables pour écarter et combattre l'habileté des fraudeurs. Le gouvernement doit prendre des mesures.

LA SUIE.

Convient pour les prairies.

La suie seule ou jointe à de la charrée, convient pour les prairies. Mais elle est peu répandue dans le commerce. On ne la trouve qu'en petite quantité.

LES PLATRAS. — LA BOUE DES ROUTES.

Les plâtras ou débris de démolitions, la boue des rues et issues, celle même des routes, peuvent être recommandés pour l'amélioration des prairies.

CHAPITRE III.

ENGRAIS.

Base de l'agriculture.

La base de l'agriculture, c'est l'engrais.

Les amendements ont une influence directe sur le sol, mais non sur la plante. Ils donnent à la terre des qualités qu'elle n'a pas, et combattent les défauts qu'elle a.

Ils préparent la terre à recevoir de riches et abondantes fumures, mais ils ne peuvent la fumer. Les engrais seuls ont ce pouvoir.

Il faut amender et fumer.

Après avoir convenablement amendé les sols, il faut donc avoir soin de les bien fumer. Il faut de toute nécessité que l'engrais se mêle ou succède à l'amendement.

Trois sortes d'engrais.

On distingue trois sortes d'engrais :

1° Les engrais végétaux formés des débris de

végétaux, tels que feuilles, plantes vertes, pailles, etc.

2° Les engrais animaux, comme la chair, le sang, les os, le noir, les excréments de l'homme, le guano, le phospho-guano.

3° Les engrais mixtes, composés de matières végétales et animales.

ENGRAIS HUMAIN.

Ce qu'on nomme l'engrais humain, — un des engrais les plus énergiques connus, — n'est autre chose que le produit des déjections solides ou liquides de l'homme. En Chine, en Flandre et dans le nord de la France, pays de si riche culture, on met au premier rang cet engrais. On lui donne la préférence sur tous les autres. *Engrais humain.*

Les Flamands le mélangent d'abord avec de l'eau et le répandent ensuite. *Flamands.*

Les Chinois le pétrissent avec de l'argile. *Chinois.*

En France on en fait surtout de la poudrette.

La poudrette ne serait pas sans qualités pour les terres, si elle n'était trop souvent, comme la charrée, altérée par la fraude. *Poudrette.*

Pourquoi ne pas faire dans ce pays ce que l'on fait en Flandre et en Chine? Pourquoi ne pas avoir des lieux d'aisances auprès de chaque ferme? Une fosse à creuser et couvrir coûterait peu. Les hommes, les femmes, les enfants n'iraient plus, par tous les temps et en toutes saisons, déposer leurs ordures, comme de simples bêtes, aux coins de tous les champs. Le fermier trouverait à sa porte chaque année, sans dé- *Lieux d'aisances dans les fermes.*

pense et sans peine, un engrais de première qualité.

LE FUMIER.

J. Bujault.

Que manque-t-il sur ta ferme, Eustache Maigrinet ? — Du fumier. — Et après ? — Du fumier, toujours du fumier.

Tu as raison, avec un peu de terre et du fumier, tu ferais venir des citrouilles sur le haut de notre clocher. — Sans fumier point de bonnes terres ; avec du fumier point de mauvaises.

Ces paroles sont vraies.

Ces paroles si sages sont de maître Jacques Bujault, le célèbre laboureur de Chaloue, près Melle dans le Poitou. Ces paroles sont vraies. Sans fumier point de bonne culture ; avec du fumier en quantité suffisante, l'agriculteur entendu peut se passer des autres engrais.

Le fumier est le plus complet de tous les engrais.

Le fumier est le plus complet de tous.

Seul il réunit toutes les qualités fertilisantes, tous les éléments nécessaires à la fécondation du sol.

Comment sont traités les fumiers dans nos fermes.

Et cependant comment le traite-t-on dans la plupart de nos fermes, ce fumier précieux, cet engrais sans rival ? On le jette sans soin dans la cour, au-devant des étables. On l'expose aux rayons du soleil qui le brûle, aux averses de la pluie qui le lave et le dépouille de tous ses sucs, qu'elle emporte au travers des chemins et roule dans les fossés et les mares.

Et le fermier mécontent se plaint plus tard de sa récolte ; il accuse le ciel, la pluie et les vents. — A qui la faute ?

Sans doute on ne pent demander pour toutes les fermes une fosse à fumier, une pompe à purin, des couvertures coûteuses, un petit charriot, des tonnes pour répandre le jus liquide et cher sortant des étables.

On ne peut avoir partout une fosse à fumier.

Mais ce qu'on serait heureux de voir, ce qu'on pourrait exiger, c'est un peu plus d'attention, des soins plus assidus pour ces malheureux fumiers, véritable richesse de la ferme, abandonnés presque toujours à la pluie et aux ardeurs du soleil.

Plus d'attention et de soins.

On reconnait plusieurs espèces de fumier :

1° Le fumier de cheval ; 2° le fumier de bœuf et de vache ; 3° le fumier de mouton ; 4° le fumier de porc ; 5° le fumier de ferme ou fumier normal, le plus estimé, parce que c'est un mélange de tous les fumiers.

Plusieurs espèces de fumiers.

Les fumiers de cheval et de mouton, plus actifs et plus chauds que les autres, se décomposent aussi plus promptement. Les fumiers de bêtes à cornes, au contraire, considérés comme plus froids, ont une durée plus persistante et plus longue.

Fumiers chauds

Froids.

La qualité du fumier dépend : 1° de la nourriture donnée aux animaux ; 2° de la litière étendue sous leurs pieds. — L'animal bien nourri fait de bon fumier, l'animal nourri maigrement en fait de mauvais.

De quoi dépend la qualité du fumier

Les pailles les plus estimées pour la litière sont : les pailles de colza, de vesces, de sarrasin, de fèves, de lentilles, de millet, de pois. Celles d'orge, avoine, seigle, froment ne viennent qu'à la suite.

Pailles.

Bruyère, fougère, etc. Lorsque les pailles manquent pour la litière, elles peuvent être remplacées par une foule de plantes ou débris de végétaux, tels que la bruyère, la fougère, les feuilles des arbres, les genêts, etc. ; — même par de la terre et du sable.

Terre, sable.

Fumier frais. On nomme fumier long, frais ou pailleux, le fumier sortant de l'étable ; — fumier gras et quelquefois beurre noir, le fumier à l'état de décomposition complète.

Fumier gras.

Erreur. Quelques personnes s'imaginent que le fumier dit beurre noir possède beaucoup plus de qualités que le fumier frais. Elles se trompent.

Le maréchal Bugeaud. Le maréchal Bugeaud, qui était tout à la fois un grand homme de guerre et un grand agriculteur, disait que le fumier perd en six mois de putréfaction la moitié de ses facultés fertilisantes, quelque soin qu'on prenne pour sa conservation.

Comment traiter le fumier. Fosses. Pompe. Comment donc traiter le fumier ?

Il faut, quand on le peut, avoir une fosse à fumier, une pompe à purin pour arroser le fumier pendant les chaleurs de l'été, de vastes hangars pour le couvrir.

Ce qu'il faut faire dans les fermes. Dans les fermes où toutes ces choses sont assez difficiles, sinon impossibles à établir, voici ce qu'il importe de faire, et ce qu'on peut faire à peu près partout.

Il faut déposer le fumier sur une aire couverte de terre glaise bien nivelée, bien battue ; — l'entasser avec soin, le couvrir de temps à autre de terre, de feuilles, de bruyères ou autres plantes ; — l'éloigner des gouttières, le placer au nord, et le mettre enfin à l'abri du soleil et de l'eau, toutes les fois que la disposition des lieux le permet.

Grands arbres.

Les propriétaires feraient bien de planter de grands arbres, au sud et à l'est des fumiers, pour leur donner de l'ombre. Des couvertures en chaume ou en ardoises vaudraient cependant beaucoup mieux.

Arroser les prairies.

Il faut encore, toutes les fois qu'on le peut, arroser, avec le jus des étables, les prairies qui avoisinent la ferme.

Cultivateur maladroit.

Le cultivateur maladroit qui laisse aller ses purins dans les mares et fossés de la ferme ou du village, est un fou véritable qui se plaît à perdre son argent.

Autre manière.

On peut encore traiter le fumier d'une autre manière ; — méthode simple, facile, à la portée de tous, et que pratiquent déjà un bon nombre de cultivateurs intelligents.

Conduire de suite le fumier.

Cette méthode consiste à conduire immédiatement le fumier dans les champs ; à le mettre en tas sur le champ même, en ayant soin de le couvrir de terre, afin de le protéger contre le soleil et la pluie.

Méthode anglaise.

En Angleterre, pays de culture extrêmement avancée, on fait mieux encore. Les fumiers sont, au sortir des étables, conduits et enterrés dans les champs. De cette façon, tous les sucs fécondants de l'urine et des pailles restent dans la terre. Le soleil et la pluie n'en peuvent dérober aucun.

Ce qu'on fait dans le pays.

Dans l'arrondissement de Segré, on fait généralement des mélanges de chaux et de fumier.

Quelques agriculteurs préfèrent étendre sur leurs champs une corde de fumier, puis une corde de chaux. Nous sommes de l'avis de ces derniers ; nous pensons que cette manière d'agir vaut mieux.

Ne pas éteindre la chaux dans le fumier.

Avant d'en finir avec les fumiers, nous croyons devoir répéter ce qui a été dit mille fois. Quand on fait des mélanges, la chaux doit toujours être éteinte dans de la terre ; — dans du fumier, jamais.

Le plâtre sur le fumier.

Beaucoup d'agronomes affirment que le plâtre, répandu même en petite quantité sur le fumier, augmente considérablement les qualités de ce dernier.

Le prix peu élevé du plâtre permet à tout le monde de faire des essais à cet égard.

CHAPITRE IV.

ASSOLEMENTS.

Ce qu'on nomme assolement

On nomme assolement, l'ordre d'après lequel se succèdent les différentes récoltes.

Théorie des assolements.

La théorie des assolements est fondée sur ce principe reconnu : — 1° que les plantes, comme les hommes et les animaux, ont besoin de nourriture pour vivre ; — 2° qu'elles ne prennent pas toutes la même nourriture ; — 3° qu'elles se nourrissent dans le sein de la terre par les racines, dans l'air par les feuilles.

Ne prennent pas

Elles ne prennent pas la même nourriture.

La même nourriture.

Les unes en effet préfèrent le noir, la charrée ; les autres la poudrette ou le guano. Mais toutes aiment presque également le fumier.

Pourquoi toutes aiment le fumier.

Pourquoi ? Nous l'avons dit au chapitre III qui précède ; parce que le fumier, qui est le plus complet des engrais, renferme les vertus nutritives et fécondantes de tous les autres.

Les racines des plantes.

Dans le sein de la terre, les racines des plantes s'étendent et s'allongent. Elles sont comme une foule de petites mains et de petites bouches qui vont chercher et absorbent les principes animaux et minéraux nécessaires à leur existence.

Les feuilles.

Les plantes puisent dans l'air, par les feuilles, les matières invisibles appelées gaz, qui font, avec les sucs de la terre, partie de leur nourriture.

Assolement triennal.

L'assolement triennal est encore, ainsi que le constate notre recueil, l'assolement qui domine dans l'arrondissement de Segré. Mais cet assolement déjà vieux, convenable sans doute pour les terres médiocres et les lieux mal cultivés, doit tendre à disparaître de jour en jour, dans les belles fermes de notre pays. Blâmé par tous les auteurs, repoussé par les agronomes les plus estimés, il a le grave inconvénient de se plier mal aux progrès journaliers de l'agriculture.

Assolement alterne.

L'assolement par excellence est l'assolement alterne, qui consiste, ainsi que l'indique son nom, dans l'alternat régulier des récoltes.

Ce qu'il demande.

Cet assolement demande, comme nous l'avons observé plus haut, de bonnes terres, de l'intelligence, de profonds labours et de riches fumures.

Ses avantages. — Il se prête à toutes les cultures et laisse au laboureur plus de liberté que les autres assolements. Il ne l'enchaîne point par une rotation absolue de trois, quatre ou cinq ans.

C'est le véritable assolement du progrès.

Varier les récoltes. Quel que soit l'assolement suivi, le principe fondamental de toute bonne culture est que les terres ne doivent jamais recevoir deux fois de suite un même grain ni une même plante.

Ce principe est très-vieux. Ce principe agricole, du reste, n'est pas nouveau. Il remonte aux temps les plus éloignés ; les anciens le connaissaient. Virgile et Columelle, qui écrivaient il y a près de deux mille ans, peu de temps avant la naissance de Jésus-Christ, disaient déjà aux agriculteurs romains :

Semer le blé après les légumes et les vesces. Laboureurs qui voulez de bonnes récoltes, laissez, la moisson faite, vos champs se reposer pendant une année ; — ne semez du blé qu'après des légumes ou des vesces à la cosse résonnante.

La culture moderne. La culture moderne, tout en acceptant ce principe des anciens, ajoute : Au lieu de laisser votre terre languir inutile et improductive, semez dans vos champs du trèfle, ou plantez des racines fourragères.

Les plantes que l'on cultive se rangent en deux classes :

Plantes épuisantes ;

Plantes améliorantes.

Plantes épuisantes. On considère généralement comme plantes épuisantes toutes celles qui viennent à maturité et donnent de la graine.

Telles sont les céréales, le colza, le chanvre, le lin, etc.

Plantes améliorantes.

Comme plantes améliorantes, au contraire, toutes celles que le cultivateur ne laisse pas mûrir.

Au premier rang se place le chou. Viennent ensuite les pommes de terre, betteraves et carottes, les navets, les vesces, le trèfle, la minette, la luzerne, le maïs, la moutarde, etc., et peut-être aussi le topinambour.

Trèfles et vesces qui portent de la graine.

Les trèfles, les luzernes, les vesces perdent une partie de leurs qualités et épuisent le sol, quand ils ne sont pas cueillis verts encore et portent des graines.

Ray-grass.

Nous ne parlons point ici du ray-grass. Sans doute il forme souvent de magnifiques prairies artificielles, mais il laisse aussi quelquefois trop de mauvaises herbes après lui, et prépare mal la terre pour la récolte des blés.

Plantes fourragères.

On donne encore le nom de plantes fourragères,

Aux trèfles, vesces, luzerne, moutarde.

Racines fourragères.

Et le nom de racines fourragères ou plantes sarclées,

Aux choux, pommes de terre, carottes, betteraves, navets. Mais remarquez ce nom, plantes sarclées. Il veut dire évidemment que l'on doit biner et nettoyer convenablement la terre ; enlever toutes les mauvaises herbes.

Binages et sarclages indispensables.

Ces binages et sarclages sont indispensables. Les betteraves, pommes de terre, navets que la main du cultivateur néglige, cessent d'être des plantes sarclées.

LABOURS.

Sillons et planches.

Les labours se font en sillons ou en planches.

Le sillon représente l'agriculture ancienne ; la planche la culture moderne. — Les sillons sont en usage dans la majeure partie de la France. La Beauce, les départements du nord, les Flandres, la Belgique, l'Angleterre et tous les pays de culture avancée ne connaissent que la planche.

Ce que disent beaucoup de fermiers

Pourquoi faire des planches, se disent beaucoup de fermiers, n'avons-nous pas de belles récoltes avec nos sillons ?

Les nouveaux instruments.

Sans doute, mais ces récoltes pourraient être plus belles encore. La planche perd moins de terrain ; et, c'est un fait incontestable, elle remue et prépare beaucoup mieux le sol. La planche facilite en outre l'emploi des nouveaux instruments. Comment passer commodément sur le dos voûté et étroit du sillon la faulx, le rayonneur, le semoir, la moissonneuse ?

La planche est pour mille raisons préférable.

Profonds labours.

Mais, que l'on adopte la planche ou le sillon, il faut, chaque fois que cela est possible, de profonds labours.

Ce que disent certains laboureurs

Mais, disent certains laboureurs, de profonds labours ne sont déjà pas si bons ; ils ramènent la terre neuve en dessus et le blé ne vient point.

Fumer davantage.

Le blé vient quand on sait s'y prendre ; — il suffit simplement de fumer davantage.

Assurent la récolte.

De profonds labours assainissent la terre, permettent aux plantes de s'étendre avec plus d'aisance et assurent la récolte des plantes sarclées comme des céréales.

Trois règles principales

En résumé, l'on peut presque dire que toutes les règles de l'agriculture se réduisent à trois principales :

1° Faire de bons et profonds labours ; — 2° fumer largement ; — 3° varier les récoltes.

CHAPITRE V.

DRAINAGE.

Le drainage.

Le drainage a été victime de notre esprit mobile et changeant.

Trop vanté d'abord.

Prôné partout, vanté avec un enthousiasme qui tenait presque du délire dans le principe, il est à peu près complétement abandonné aujourd'hui.

Abandonné aujourd'hui.

C'est un tort. — Il faut, même en agriculture, éviter les extrêmes.

Ce qu'on fit au début.

Au début, des agriculteurs peu sages et disposés toujours à se passionner pour les choses nouvelles, ont voulu faire du drainage quand même. Ils ont semé les drains partout ; dans les terres comme dans les prés, dans l'argile comme dans la tourbe et la boue.

Aussi qu'est-il arrivé ? — Quelques réussites, de rares bénéfices, beaucoup de déceptions.

Au diable le drainage

Aussitôt chacun s'est mis à crier : le drainage est une duperie ; au diable le drainage ; laissons, laissons, abandonnons le drainage.

La vérité. Voici l'exacte vérité :

Le drainage follement entendu peut être, sans nul doute, une duperie, une cause de grandes et inutiles dépenses.

Mais le drainage bien fait, dirigé avec entente et prudence, exécuté par des hommes capables et consciencieux, est une excellente pratique. Une grande quantité de terrains que nous connaissons, drainés depuis dix et quinze années, pourraient l'attester.

Que faire donc pour réussir ?

Ce qu'il faut faire pour réussir. Tout d'abord nous pensons qu'il faut renoncer au drainage avec des tuyaux dans les sols qui manquent de solidité. Là on ne peut assainir la terre, tenter le drainage qu'avec des pierres ou des cailloux. Là le tuyau mal assujetti se dérange bien vite, fait bascule, se bouche, et tout est perdu.

Fonds solide. Mais dans tous les sols humides et mouillés, où, sur un fonds bien préparé, l'on peut solidement fixer le tuyau, empêcher tous mouvements de droite et de gauche, ou de bas en haut, le drainage réussit de la manière la plus certaine.

Pierres et tuyaux. Quand on a de la pierre sous la main, il est bon d'en joindre en quantité convenable aux tuyaux. Le résultat n'en devient que plus sûr.

Le drainage assainit la terre mais ne l'engraisse pas. Il ne faut pas oublier aussi que le drainage dessèche et assainit la terre, mais ne l'engraisse pas. De larges fumures après le drainage sont donc indispensables.

Prairies drainées. Les prairies, surtout les prairies desséchées par le drain, deviennent en peu de temps plus mauvaises et plus inproductives que jamais, si l'action bienfaisante du drainage n'est vigoureusement secondée par l'engrais.

CHAPITRE VI.

IRRIGATIONS.

Proverbe.

Qui a de l'eau a de l'herbe, dit un proverbe fort sage.

L'irrigation est de l'arrosage.

L'irrigation est de l'arrosage fait en grand et en saison convenable, avec de l'eau de bonne qualité.

La chaleur et l'eau.

Les deux principaux agents de la végétation sont la chaleur et l'eau. Pour la chaleur, elle ne manque jamais. Le soleil généreux nous prodigue toujours, sans se lasser, la splendeur et la fécondité de ses magnifiques rayons. Il n'en est pas de même de l'eau, qui fait défaut souvent et manque dans beaucoup d'endroits.

Sans eau point de végétation.

Sait-on bien utiliser l'eau.

Mais les fermiers qui ont à leur disposition des sources, de l'eau en abondance, savent-ils les utiliser avantageusement ? — Bien loin de là. Que d'eaux grasses et fécondes se perdent encore journellement dans les chemins !

Nos fermiers auraient besoin, pour s'instruire, de faire un voyage dans le Limousin, pays maigre pourtant et de pauvre culture. Là on sème encore principalement du seigle et du blé noir ; les habitants des campagnes ne mangent une partie de l'année que des châtaignes.

Prairies du Limousin.

Mais à côté de terres peu fertiles et mal cultivées, quelles belles et admirables prairies ! Comme on les soigne, comme on les arrange ! Comme on creuse avec habileté les rigoles ! Comme on sait disposer les pentes et conduire les eaux !

Comment arroser les prairies.

Il ne suffit pas, pour bien arroser une prairie, de jeter des rigoles à droite et à gauche sans ordre ; de les mal creuser. Il faut un plan régulier et des nivellements de terrain. Il faut que l'eau puisse courir et se répandre également sur toutes les parties du pré. — Il faut, pour dresser convenablement la rigole, une tranche plate faite exprès, et de plus une hache également faite exprès, pour tailler les deux côtés de la rigole.

Un bon cultivateur ne saurait apporter trop de soin à l'irrigation de ses prairies.

CHAPITRE VII.

PRAIRIES.

Le foin est l'âme de la ferme.

Veux-tu du grain ? Fais des prés, dit Jacques Bujault.

Le foin est en effet l'âme de la ferme. Sans foin quelle agriculture possible ? Les bêtes et les terres maigrissent, le sol s'appauvrit, et le blé au lieu de venir s'en va.

Prairies placées sur

Les prairies heureusement placées sur le bord

des fleuves et rivières sont généralement bonnes et demandent peu de soins. La nature a tout fait pour elles. Le propriétaire ou le fermier n'a que la peine de couper et de prendre. Le soleil et la pluie se chargent de les féconder. Mais ces prairies sont une exception. Nos fermes n'en possèdent pas toutes de semblables.

le bord des fleuves et rivières.

On classe les prés en prés hauts et prés bas.

Prés hauts. Prés bas.

Les prés hauts sont assez souvent trop secs, les prés bas trop mouillés.

Les premiers demandent de l'engrais, les seconds du drainage.

Autrefois les prairies étaient généralement peu fumées. Elles le sont davantage aujourd'hui. L'ancien recueil portait que les prairies devaient être fumées par quart chaque année, avec vingt hectolitres de chaux. — Le nouveau recueil commande de les fumer par tiers, à raison de 60 fr. de fumier ou engrais étranger par hectare. Ce n'est assurément pas trop. On ne peut que gagner à fumer davantage. Les engrais recommandés pour les prairies sont le fumier, la charrée, le guano, le phospho-guano, la suie, le phosphate fossile.

Fumure des prairies. L'ancien et le nouveau recueil.

Si le cultivateur doit veiller à l'irrigation de ses prairies, il doit également ne pas négliger leur fumure. — Un engrais convenable étendu en temps opportun sur les prés, est de l'argent placé à gros intérêts.

Veiller aux irrigations et fumures.

Nous répéterons pour finir : Laboureurs, soignez vos champs et vos prés. — Avec de l'eau on a du foin, avec du foin on a des bestiaux,

Soigner les champs et les prés.

avec des bestiaux on a du fumier, avec du fumier on a du grain.

Tout s'enchaîne.

Car tout s'enchaîne en agriculture, comme le dit encore si bien maître Jacques Bujault.

CONSEILS AUX HABITANTS
DE NOS CAMPAGNES.

L'agriculture est le plus beau de tous les arts, mais il est en même temps l'un des plus difficiles ; il exige avant tout de la patience, de la persévérance, qualités fort rares parmi nous, a dit avec raison M. Léonce de Lavergne dans son ouvrage sur l'agriculture anglaise.

L'agriculture est un art ; art modeste, sans doute, qui a pour but de bien cultiver le sol et d'en tirer, sans trop grandes dépenses, le meilleur parti possible.

L'agriculture est le plus utile des arts. On connaît les paroles célèbres de Sully, ministre du roi populaire Henri IV : Les champs et les prés sont les deux mamelles nourricières des États.

Et pourtant pendant combien d'années, pendant combien de siècles, l'agriculture a-t-elle été oubliée et délaissée dans presque tous les pays? Jadis, aux beaux temps de Rome, l'agriculture était honorée et florissante. L'histoire nous rapporte que les plus grands personnages romains, les généraux, les consuls, ne rougissaient pas de tenir le soc et de labourer la terre. Le nom de Cincinnatus, quittant après la victoire le commandement des armées pour reprendre la charrue, est parvenu jusqu'à nous.

En Chine, si l'on en croit les rapports de quelques missionnaires, on célèbre avec beaucoup de pompe et d'éclat, chaque année, aux premiers jours du printemps, la fête du labourage. L'empereur tient lui-même la charrue et trace plusieurs sillons. Les princes du sang imitent son exemple et la prennent après lui. Les laboureurs de profession achèvent ensuite le travail.

En France, ce n'est que vers 1820 que l'agriculture sembla sortir enfin de l'oubli qui la couvrait depuis trop longtemps. Sous le premier empire, l'agriculture n'était qu'une chose secondaire. Il fallait surtout se battre alors et remporter des victoires. On se battait, on était victorieux, mais la culture des terres évidemment souffrait.

En 1821, un homme d'un rare mérite, un agronome éminent, Mathieu de Dombasle, directeur de l'école modèle de Roville, publiait ses premiers ouvrages, la *Théorie de la charrue* et le *Calendrier du bon cultivateur*. Ces livres, bien écrits, sur un sujet nouveau et peu connu, se vendirent. Le public les rechercha avec empressement, et Mathieu Dombasle eut l'immortel honneur de répandre le goût de l'agriculture en France.

On sait ce qui est arrivé depuis. Les comices, les chambres d'agriculture, les concours régionaux, les sociétés agricoles se sont multipliés sur tous les points. L'agriculture a ses fêtes et ses joies publiques et intimes aujourd'hui. L'agriculture, après bien des jours d'oubli, de deuil et de tristesse, occupe enfin le rang qu'elle mérite.

Malheureusement un cri sombre se mêle à ces joies. On entend dire de tous les côtés : la campagne se dépeuple, la campagne manque de bras, la ville, la grande ville attire tout à elle.

Ceci est trop vrai. La campagne voit tous les jours ses enfants robustes la quitter pour courir à la ville. — Et chercher quoi ? — La fortune, le bonheur.

La fortune ? — Ils la rencontrent une fois sur mille, peut-être. — Le bonheur ? — Jamais.

Il y a bien longtemps qu'un grand poète a dit : Heureux l'homme des champs s'il savait reconnaître son bonheur !

« C'est dans les champs qu'on trouve une mâle jeunesse,
« C'est là qu'on sert les dieux, qu'on chérit la vieillesse. »

Ces vers, qui datent de deux mille ans bientôt, semblent écrits d'hier, tant ils sont aujourd'hui encore l'expression de la vérité.

C'est dans le fond de la campagne, en effet, que l'on trouve une jeunesse vigoureuse et saine. C'est là que l'on voit encore le respect des choses saintes et de la vieillesse. C'est là que l'homme respire librement et sainement.

Là qu'il a sans cesse devant les yeux les grands et magnifiques spectacles de la nature : de l'eau, des fleuves, des montagnes et des lacs, des arbres, des forêts, de la verdure dans les prés, des épis jaunes dans les champs, de vastes horizons, tout ce qui, en un mot, élève et ennoblit les âmes.

C'est là seulement que l'homme peut goûter, non pas le bonheur parfait — il n'existe pas sur la terre — mais les pures et précieuses douceurs du calme et de la tranquillité. C'est là qu'il peut vivre, content de lui-même, content de ceux qui l'entourent, content de son aisance et de ses jours, loin des turpitudes et des hontes de la ville.

Hommes de la campagne, n'écoutez pas ceux qui vous disent : Allez à la ville, quittez votre ferme, quittez votre boue et courez sur les beaux trottoirs des grandes rues, toutes les félicités vous y attendent.

Ecoutez plutôt la voix sincère de notre affection qui vous crie : Bonnes gens, restez chez vous, gardez vos garçons et vos filles. Pour un qui fait fortune à la ville quelquefois, combien de milliers s'y perdent !

Restez dans vos champs et faites de l'agriculture ; — conservez le culte du foyer, l'amour de la famille et de la ferme qui vous vit naître ; — cultivez le sol qu'ont cultivé vos pères.

N'imitez pas cette foule de sots papillons qui, prenant la lueur du suif pour les rayons de la lumière, vont se brûler à la chandelle.

TABLE DES MATIÈRES

PREMIÈRE PARTIE.

Pages.

A

ABATTAGE des arbres. — Art. 35 29
ABEILLES. — Art. 75 40
AIRE. Réparations locatives. — Art. 5 18
AMÉLIORATIONS. — Art. 67 38
ANNÉE de sortie. — Art 65 38
APPARTEMENTS meublés. — Art. 4......... 51
ARBRES. V. *Plantation, Elagage, Abattage.*
ARBRES FRUITIERS. — Art. 38.......... 31
ASSOLEMENT. — Art. 14, 15, 16, 17, 20....23, 24
AVOINE. — Art. 14, 24 ....23, 26
ARRHES. V. *Denier à Dieu.*

B

BAIL. Durée. — Art. 1, 2 16
— à colonage partiaire. — Art. 74 et suiv. 40, 41
— à ferme. — Art. 69 et suiv.......... 39
— à loyer. — Art. 1 et suiv..........51, 52
BARRIÈRES. V. *Réparations locatives.* — Art. 5 18
BATTAGE des blés. — Art. 56, 82.........36, 41
BLÉ NOIR. — Art. 17, 53, 63, 88....24, 35, 37, 43
BOIRES. — Art. 7 20
BOIS de chauffage. — Art. 110.......... 47
— coupe. — Art. 35 et suiv..........29, 30
— déchets. — Art. 8 21

Pages.

Bois donné au fermier. — Art. 39.......... 31
— mort ou brisé. — Art. 35............. 29
— taillis. — Art. 100 et suiv...........44, 45

C

Canaux. Entretien. V. *Rigoles*. — Art. 28.. 27
Carreaux. Entretien. — Art. 5........... 18
Carottes. Consommation. — Art. 10...... 21
Castration. — Art. 81.................. 41
Charrée, Cendres. — Art. 10........... 22
Chambres garnies. — Art. 4............ 51
Champs. Mesure. — Art. 19............. 24
Chanvre. — Art. 82.................... 41
Chardons. — Art. 23................... 25
Charrois. — Art. 8....................20, 21
Chasses. — Art. 28.................... 27
Chaumes. — Art. 47.................... 33
Chaux. — Art. 21.....................24, 25
Cheptel. — Art. 62.................... 37
Chiendent. — Art. 23, 66..............25, 38
Choux. — Art. 16, 51................24, 34, 35
— cavaliers. — Art. 59............. 37
Cholette. — Art. 51................... 34
Cidres. — Art. 57..................... 36
— (petits). — Art. 57, 82...........36, 41
Closeaux. — Art. 12 et suiv...........22, 23
Clôtures. — Art. 6, 25, 41..........19, 26, 31
Colonage partiaire. — Art. 74 et suiv..... 40
Colza. — Art. 15...................... 23
Congé. Ferme. — Art. 2................ 16
— Maison. — Art. 3................ 51
— Chambres garnies. — Art. 4....... 51

Pages.

CONGÉ. Jardins. — Art. 9 52
— Chantiers. — Art. 15 53
— Terres volantes. — Art. 92 et suiv. 43, 44
CONSTRUCTIONS. — Art. 18 54
CORPS DE FERME. — Notions préliminaires.. 15
COUPAGES. — Art. 16, 52 .... 24, 35
COUPE. V. *Arbres, Bois, Foin, Haies, Taillis.*
COMPENSATION. — Art. 67 38
COURS, CHEMINS. Entretien. — Art. 5 18
COUVERTURES. Entretien. — Art. 5 18
CULTURE. V. *Assolement.* — Art. 14 et suiv. 23 et s.

D

DÉCHETS. — Art. 8, 28 .... 21, 27
DÉMÉNAGEMENT. — Art. 1 16
DENIER A DIEU, ARRHES. — Art. 115, 117, 17 .... 48, 49, 53
DERNIÈRE ANNÉE. — Art. 65 38
DIMANCHES, FÊTES. — Art. 4 17
DIRECTION de l'exploitation. — Art. 79 et s. 41
DOMESTIQUES ruraux. — Art. 113 et suiv.. 48 et s.
— urbains. — Art. 17 53
DOMMAGES-INTÉRÊTS. — Art. 66 38

E

ECHALIERS. — Art. 5 18
ECHANGES. — Art. 90 43
ECHELLES. — Art. 5 18
ECOT de colza, lin, etc. — Art. 24 26
ELAGAGE, EMONDAGE. V. *Coupe des bois.* — Art. 35 et suiv. 29, 30
ENGRAIS nécessaires. — Art. 21, 22 ...... 24, 25

Pages.

ENGRAIS étrangers. — Art. 22, 55, 86—25, 36, 42
— des prés. — Art. 27 ....26, 27
— des terres volantes. — Art. 96 44
ENSEMENCÉS. V. *Assolement, Culture.* — Art. 14 et suiv......................23, 24
ENTRÉE du fermier ou du colon.—Art.40 et s.31 et s.
EPINES ET BROUSSAILLES. — Art. 36 30
ESPALIERS. — Art. 14.................... 53
ETALONS. Choix. — Art. 80............... 41
ETAT DE LIEUX. — Art. 40, 52, 8 ......31, 35, 52
EXPLOITATION. V. *Colonage partiaire.* — Art. 74 et suiv....................... 40
EPIGOTS. — Art. 53 35

F

FAINES, Feuilles, Gazons, Glands.—Art. 104. 45
FAISANCES, REDEVANCES. — Art. 72........ 39
FERMAGES. Paiement. — Art. 71........... 39
FERMIER. — Notions préliminaires 15
— entrant. V. *Entrée.*
— sortant. V. *Sortie.*
FERMIERS GÉNÉRAUX. — Art. 91 43
FIENTES. — Art. 28 27
FOINS Coupe. — Art. 26.................. 26
— Partage. — Art. 42, 43, 44 32
FEUILLES MORTES. — Art. 41.............. 31
FOIRES. — Art. 84 42
FOSSÉS. — Art. 7, 37....................19, 30
FOSSES D'AISANCES. — Art. 18............ 54
FOUR. Entretien. — Art. 5............... 18
FUMIERS, ENGRAIS. — Art. 21 24

Pages

G

GAGES. V. *Domestiques.* — Art. 113 et s. . 48 et s.
GLANDS. — Art. 104. 45
GRAINS. Ensemencé. V *Assolement.* — Art. 14 et suiv. 23
GRAINES. — Art. 43. 32
GUI. — Art 34 29

H

HAIES. — Art. 6, 36, 89. . . . . 19, 30, 43
HERBES mauvaises. — Art. 23, 66 . . . . 25, 38
HERSAGE. — Art. 23 26
HOMME VALIDE. Nombre d'hommes. — Art. 4. 17

I

IMPÔTS. — Art. 9, 45, 7. . . . . 21, 33, 52
INSTRUMENTS ARATOIRES. — Art. 69, 70, 74 — 39, 40
IRRIGATION. — Art. 27, 28. 27

J

JARDINS. — Art. 12, 9 et suiv. 22, 52, 53
JOURNÉES d'ouvriers. — Art. 46, 48. 33

L

LABOURS. — Art. 11. 22
LAIT. — Art. 75 40
LÉGUMES. — Art. 12, 11 . . . . 22, 52
LIERRE. — Art. 34. 29
LIN. — Art. 82 41
LOGES. — Art. 58 36
LUZERNES. — Art. 43, 49, 50, 53 . . . . 32, 34, 35

Pages.

M

Macadam. — Art. 5. 19
Maisons. — Art. 5, 1 et suiv. 18, 51
Mangeoires. — Art. 5. 18
Marc. — Art. 57. 36
Maréchal. — Art. 85. 42
MAtériaux. Transport. — Art. 8. 20
Menu entretien. — Art. 5. 18
Métairie. — Notions préliminaires. 15
Malversations. — Art. 66. 38
Métiviers. V. *Domestiques.*
Minette. — Art. 14, 43, 49, 50 . . . . . 23, 32, 34
Moulins. — Art. 108 46

N

Navets. — Art. 10. 22
Nettoyage des arbres. — Art. 34. 29

O

Œufs. — Art. 75 40
Oies. — Art. 75. 40
Orge. — Art. 14, 49, 88 . . . . 23, 34, 43
Ornières. — Art. 28 28
Osiers. — Art. 61 87
Ouvriers. — Art. 48, 16. . . . . 33, 53

P

Pacage. — Art. 25, 60, 105. . . . . 26, 37, 45
Pailles. — Art. 10, 48, 53, 112. — 21, 33, 35, 48
Parelles. — Art. 23 25
Partage. — Art. 75. 40

Pages.
PAS DE BŒUF. — Art. 7. 19
PASSAGE. Art. 107 46
PAVILLONS. — Art. 13 53
PÉAGE. — Art. 84 42
PÊCHE. — Art. 3 17
PÉPINIÈRE. — Art. 31, 32 28
PIERRES. — Art. 5, 8 . . . . 19, 20
PLANTES OLÉAGINEUSES. — Art. 15. 23
PLANTATIONS. — Art. 31 et suiv. 28
POREAUX. — Art. 59 37
POMMES DE TERRE.—Art. 10,16,87,88—22,24,42,43
PRAIRIES. — Art. 25 et suiv. . . . . 26 et s.
— ARTIFICIELLES. — Art. 43, 60. — 32, 37
PRESCRIPTION. — Art. 68. 39
PRESSOIR. — Art. 5, 57. . . . . 18, 36
PRESTATIONS. — Art. 45. 33
PRODUITS. Partage, transport. — Art. 83 . . . 41
PUITS. — Art. 18. 54

R

RACINES FOURRAGÈRES. — Art. 10, 16, 64, 88 . . . . 22, 24, 38, 43
RAY-GRASS. — Art. 14, 43, 49, 50 . . 23, 32, 34
REDEVANCES. — Art. 72 39
RAMES des émondes. — Art. 35. 30
RÉPARATIONS. — Art. 5 17
RIGOLES. — Art. 28 27
ROTATION. — Art. 24 26

S

SAILLIES. — Art. 80. 41
SARCLAGE. — Art. 23 25

Pages.

SARRASIN. — Art. 17, 53, 63, 88. — 24, 35, 37, 43
SAULES ISOLÉS. — Art. 35. 30
SAUVAGEONS. — Art. 32 29
SEIGLES. Chaumes. — Art. 47 33
SEMAILLES. — Art. 52 35
SEMENCES. — Art. 18, 54, 74 . . . . 24, 35, 40
SÈVES. — Art. 102. 45
SONS. — Art. 10 22
SORTIE. — Art. 40 et suiv. . . . . 31 et s.

T

TACITE RÉCONDUCTION. — Art. 2. 16
TAILLIS. V. *Bois*. — Art. 100 et suiv. . . . 44, 45
TAUPES, TAUPINIÈRES. — Art. 29. 28
TAUPIER. Salaire. — Art. 85 42
TERRES arables converties en prés. — Art. 30. 28
— étrangères. — Art. 73. 39
— volantes. — Art. 92 et suiv. . . . 43 et s.
TOITURES. V. *Couvertures*.
TRÈFLE. — Art. 14, 43, 49, 50, 53. . . 23, 32, 34, 35
TRAVAUX D'ART. — Art. 28 27

V

VEAUX. — Art. 81 41
VENTE de céréales, foins, pailles. — Art. 111. 47
VÉTÉRINAIRE. — Art. 85 42
VESCES. — Art. 16, 52 . . . . 23, 35
VIGNES. — Art. 106. . . . . 45, 46
VOLAILLES. — Art. 75 40

Pages.

DEUXIÈME PARTIE.

A

Abeilles. 86
Arbres. 83
Animal domestique. Loi Grammont. 63
— infecté. 61
— mort 62

C

Chasse 71
Chemins impraticables. 69
— vicinaux 70
Code forestier. 66
— rural. 67
Contraventions rurales. 63

D

Drainage 83
Dommages aux champs. Lapins, Sangliers . 87

E

Eaux courantes 81
— pluviales. 82
Enfouissement 62
Epaves. 85

F

Fossés 82

G

Gardes particuliers. 76

Pages.

H

Haies 83

I

Irrigations 84

L

Lapins, Sangliers 87

M

Maladie contagieuse. 60

O

Oiseaux 87

P

Pêche. 74
Police du roulage. — Eclairage, plaque . 77, 78

R

Rivières non navigables 81
Roulage 77
Routes, Chemins 70

S

Servitudes qui dérivent de la situation des lieux 80
Source 80

T

Typhus ou Peste bovine. 62

Pages.

V

Vices rhédibitoires 57
Volailles 68

TROISIÈME PARTIE.

Chapitre Ier. — Terre arable et sous-sol . . 93
Chapitre II. — Amendements 94
Chapitre III. — Engrais 100
Chapitre IV. — Assolements. 106
Chapitre V. — Drainage. 111
Chapitre VI. — Irrigations 113
Chapitre VII. — Prairies 114
Conseils aux habitants de nos campagnes . 116

SEGRÉ. — IMP. V. GERARD.

www.ingramcontent.com/pod-product-compliance
Ingram Content Group UK Ltd.
Pitfield, Milton Keynes, MK11 3LW, UK
UKHW021537260726
13993UKWH00002B/551

9 782329 312002